EINFÜHRUNG IN DIE TECHNISCHE MATHEMATIK

VON

DR. PHIL. HORST VON SANDEN

o. Professor an der Technischen Hochschule
Hannover

Mit 42 Abbildungen

Zweite, durchgesehene Auflage

Walter de Gruyter & Co., Berlin

vormals G. J. Göschen'sche Verlagshandlung — J. Guttentag, Verlagsbuchhandlung — Georg Reimer — Karl J. Trübner — Veit & Comp.

1950

Archiv-Nr. 12 13 50
Gedruckt im Druckhaus Tempelhof, Berlin
Printed in Germany

Inhaltsverzeichnis

I. Vektoren

II. Vektoren und Koordinaten. Analytische Geometrie

III. Integral- und Differentialrechnung

IV. Komplexe Zahlen

Vorwort zur 1. Auflage

Bei diesem kleinen Buch habe ich zunächst an Studenten gedacht, die nicht Mathematik studieren wollen, sondern andere Wissenschaften, bei denen aber höhere Mathematik ein unerläßliches Hilfsmittel ist.

Dabei kommt es vielfach vor, daß etwa in den Anfangsvorlesungen über Mechanik und Physik einiges aus der höheren Mathematik bereits früher gebraucht wird, als es in den mathematischen Vorlesungen behandelt wird. Um dem Anfänger die dadurch nötig werdende Auslese in mathematischen Lehrbüchern, die ihm aus mannigfachen Gründen nicht leicht wird, zu ersparen, sind hier einige mathematische Dinge zusammengestellt, die zur Einführung in die Mechanik und Physik nötig sind. Eine gründliche Beschäftigung mit Mathematik soll dadurch keineswegs überflüssig gemacht werden.

Das Buch mag auch manchen Lesern willkommen sein, die höhere Mathematik überhaupt nicht brauchen, aber doch einmal einen Einblick gewinnen wollen, was da gemacht und gedacht wird.

Bei der Infinitesimalrechnung habe ich den engen Zusammenhang zwischen der Integral- und Differentialrechnung besonders hervortreten lassen. Nach meinen Erfahrungen wird er nicht immer klar genug erkannt, wenn in Vorlesungen und Lehrbüchern die Differentialrechnung getrennt von der Integralrechnung behandelt wird. Die Folge davon pflegt eine schwer überwindliche Scheu vor dem Integral zu sein, da dessen Begriff hinter dem analytischen Formelapparat zu verschwinden droht.

Die geometrisch-anschauliche Einführung der komplexen Zahl, wie sie hier geboten wird, soll dazu beitragen, daß endlich auch bei Nichtmathematikern die noch weit verbreitete Meinung vor der mystischen Unbegreiflichkeit der imaginären Zahlen verschwindet. Dem Verlag bin ich zu Dank verpflichtet, daß er das Erscheinen des Buches trotz aller Schwierigkeiten der jetzigen Zeit ermöglicht hat.

Hannover, im Januar 1947.

v. Sanden.

Vorwort zur 2. Auflage

Die zweite Auflage ist ein unveränderter Abdruck der ersten, bei dem lediglich einige Druckfehler berichtigt wurden.

Hannover, Mai 1950.

v. Sanden.

I. Vektoren

Als Vektor bezeichnet man eine Strecke, bei der Anfangs- und Endpunkt unterschieden werden, wodurch sie einen Richtungssinn erhält. Der Endpunkt soll durch eine Pfeilspitze bezeichnet werden. Der Vektor ist also ein neues geometrisches Gebilde, das dazu dienen kann, Kräfte, Geschwindigkeiten, elektrische und magnetische Feldstärken und andere physikalische Größen zu kennzeichnen, bei denen es nicht genügt, durch eine einzige Zahl ihre Intensität anzugeben, sondern bei denen auch die Angabe der Richtung, in der sie wirksam sind, notwendig ist. Aber auch in der Geometrie selbst führt die Benutzung von Vektoren zu einer erheblichen Vereinfachung bei der Auffassung und Darstellung der Erkenntnisse.

Für die Kombination von zwei und mehr Vektoren werden neue Regeln festgesetzt. Da diese mit den gewohnten Rechenregeln gewöhnlicher Zahlen gewisse Analogien zeigen, werden die Worte Addition und Multiplikation auch bei Vektoren benutzt; ebenso die Zeichen $= + -$. Doch erhalten sie bei Vektoren eine neue Bedeutung. Die Vektoren selbst werden durch kleine oder große deutsche Buchstaben bezeichnet. Die gewöhnlichen Zahlen sollen durch kleine römische oder griechische Buchstaben bezeichnet werden. Um den Gegensatz zwischen Vektoren und Zahlen zu betonen, werden diese jetzt auch skalare Größen genannt.

1. Ist $\mathfrak{A}$ ein Vektor, so bedeutet das Zeichen $|\mathfrak{A}|$ seine, in einer verabredeten Längeneinheit (etwa cm) gemessene Länge. Diese, stets positive, Zahl wird der **„Betrag des Vektors“** genannt. Die Gleichung $|\mathfrak{A}| = r$ sagt demnach aus, daß der Betrag des Vektors $\mathfrak{A}$ die Größe r hat. Das Gleichheitszeichen wird hier in seiner gewohnten Bedeutung, nämlich zwischen zwei gleichen Zahlen stehend, gebraucht.

2. Zwei Vektoren werden als **„gleich“** angesehen, wenn ihre Richtungen parallel, ihre Beträge gleich groß sind und ihre Pfeile nach der gleichen Richtung weisen. Abb. 1 zeigt zwei einander gleiche Vektoren $\mathfrak{A}$ und $\mathfrak{B}$. In der Vektorgleichung $\mathfrak{A} = \mathfrak{B}$ ist also das Gleichheitszeichen in neuer Bedeutung gebraucht.

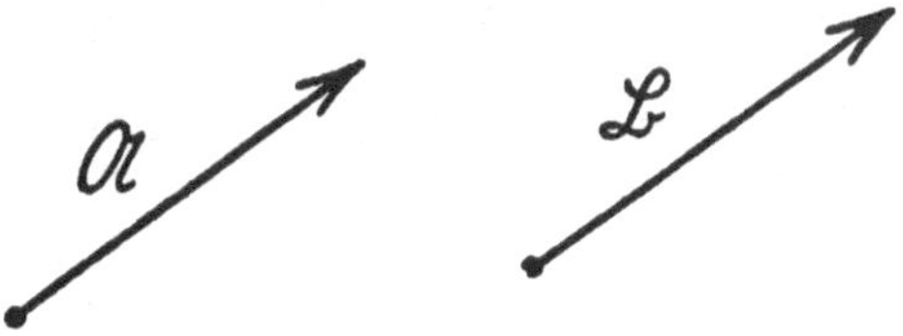

Abb. 1

Vektoren bleiben sich gleich, wenn sie parallel verschoben werden und ihr Richtungssinn sich nicht dabei ändert.

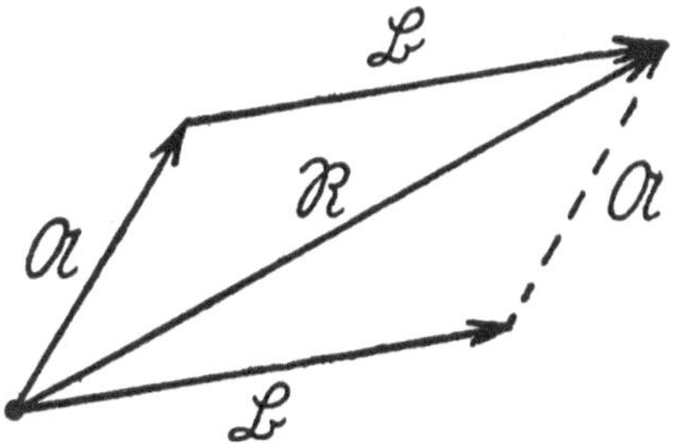

Abb. 2

3. Die **Addition** zweier Vektoren $\mathfrak{A}$ und $\mathfrak{B}$ wird so festgesetzt, daß sie einen neuen Vektor $\mathfrak{R} = \mathfrak{A} + \mathfrak{B}$ ergibt, der nach folgender Anweisung konstruiert wird (Abb. 2). Man bringe die beiden Vektoren in eine solche Lage, daß der Anfangspunkt des Vektors $\mathfrak{B}$ zusammenfällt mit dem Endpunkt des Vektors $\mathfrak{A}$. Dann führt der Vektor $\mathfrak{R}$ vom Anfangspunkt von $\mathfrak{A}$ zum End-

punkt von $\mathfrak{B}$. Wir sagen kürzer, daß der Vektor $\mathfrak{B}$ an den Vektor $\mathfrak{A}$ „angeheftet“ wird, um den Endpunkt des neuen Vektors $\mathfrak{R}$ zu erhalten. Man kommt zu dem gleichen Vektor $\mathfrak{R}$, wenn man $\mathfrak{A}$ an $\mathfrak{B}$ anheftet. Es ist also

$$\mathfrak{R} = \mathfrak{A} + \mathfrak{B} = \mathfrak{B} + \mathfrak{A}.$$

Wir merken noch an, daß diese Vorschrift für die Addition zweier Vektoren auch dann gültig bleibt, wenn die Vektoren parallel sind. Mit diesem Additionsprinzip ist auch die Addition von mehr als zwei Vektoren festgelegt.

Ist $\mathfrak{R} = \mathfrak{K}_1 + \mathfrak{K}_2 + \ldots + \mathfrak{K}_n$, so werden die n-Vektoren $\mathfrak{K}_1, \mathfrak{K}_2, \ldots \mathfrak{K}_n$[1]) nacheinander aneinandergeheftet, wobei die Reihenfolge beliebig ist (Abb. 3)[2]).

Ist $\mathfrak{R} = \mathfrak{K}_1 + \mathfrak{K}_2 + \ldots + \mathfrak{K}_n = 0$, so bedeutet dies, daß der Endpunkt des letzten der aneinandergehefteten Vektoren mit dem Anfangspunkt des ersten zusammenfällt.

In Abb. 4 ist $\mathfrak{R} = \sum_{i=1}^{6} \mathfrak{K}_i = 0$.

(Lies: Summe der $\mathfrak{K}_i$ von 1 bis 6).

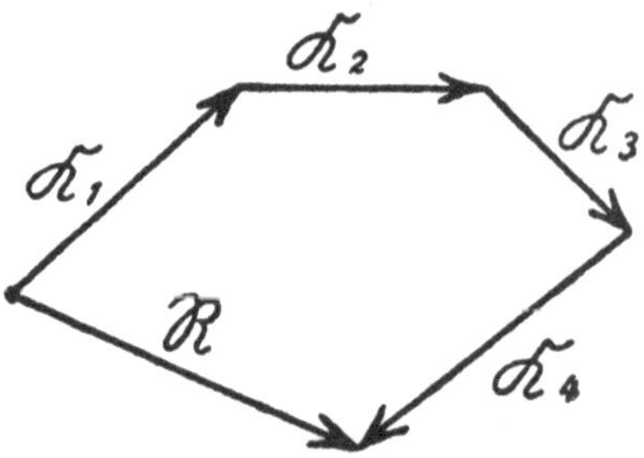

Abb. 3

4. Die **Multiplikation eines Vektors mit einer positiven Zahl** soll einen Vektor erzeugen, dessen Richtung die gleiche bleibt, dessen Betrag jedoch aus dem des ersten Vektors durch Multiplikation mit der Zahl hervorgeht. Multiplikation eines Vektors mit -1 soll seine Richtung umkehren.

Damit ist festgelegt, was für ein Vektor

$$\mathfrak{R} = z_1 \cdot \mathfrak{A}_1 + z_2 \cdot \mathfrak{A}_2 + \ldots + z_n \cdot \mathfrak{A}_n = \sum_{i=1}^{n} z_i \cdot \mathfrak{A}_i$$

sein soll. $\mathfrak{A}_i$ sind dabei gegebene Vektoren und z_i gegebene Zahlen, die positiv, negativ oder Null sein dürfen.

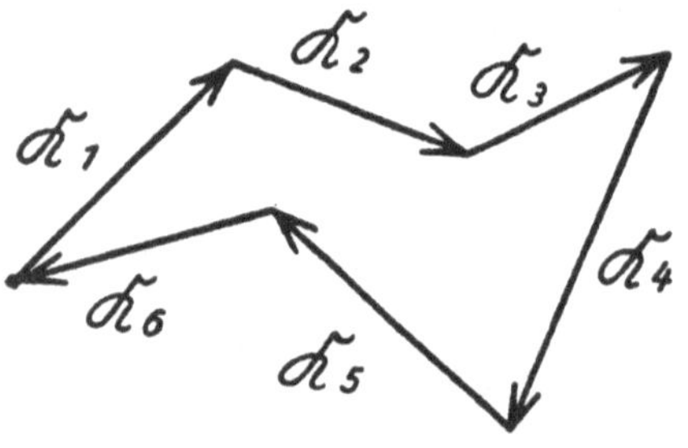

Abb. 4

5. Das **innere Produkt** zweier Vektoren $\mathfrak{A}$ und $\mathfrak{B}$ soll eine **Zahl** sein. Und zwar soll diese Zahl aus den beiden Vektoren dadurch erhalten werden, daß man die Beträge der beiden Vektoren $\mathfrak{A}$ und $\mathfrak{B}$ miteinander und das so erhaltene Produkt noch mit dem Kosinus des Winkels zwischen den Vektoren multipliziert. Das innere Produkt zweier Vektoren wird dadurch bezeichnet, daß man die beiden Vektorbuchstaben nebeneinander setzt. Ist p der Zahlwert des

[1]) Die Bezeichnung verschiedener Größen durch den gleichen Buchstaben, an den unten als „Index“ kleine Zahlen geschrieben werden, ist in der Mathematik üblich, da das Alphabet nicht ausreicht. Außerdem ist es oft übersichtlicher, gleichartige Größen mit demselben Buchstaben zu bezeichnen und durch Indizes zu unterscheiden.

[2]) Der Leser stelle sich die Abb. 3 als Bild von Vektoren vor, die nicht in einer Ebene liegen, sondern kreuz und quer im Raum!

inneren Produktes der Vektoren $\mathfrak{A}$ und $\mathfrak{B}$, so schreibt man also $p = \mathfrak{A}\mathfrak{B}$, und es soll sein $p = |\mathfrak{A}| \cdot |\mathfrak{B}| \cdot \cos\varphi$. Vgl. Abb. 5.

Der Zahlwert eines inneren Produkts, das auch „Innenprodukt" genannt wird, kann positiv, negativ oder Null sein. Die Beträge sind zwar immer positive Zahlen, aber cos φ kann positiv oder negativ sein, je nachdem der Winkel φ kleiner oder größer als ein Rechter ist, und Null, wenn $\varphi = 90°$ ist. Das innere Produkt ist also Null, wenn die beiden Vektoren auf einander senkrecht stehen. Ist $\varphi = 0$, sind die Richtungen der Vektoren also gleich, so ist ihr inneres Produkt gleich dem Produkt ihrer Beträge. Man darf demnach auch von dem inneren Produkt eines Vektors mit sich selbst sprechen. Man schreibt dies $\mathfrak{A}^2$ und hat das Quadrat vom Betrage des Vektors vor sich.

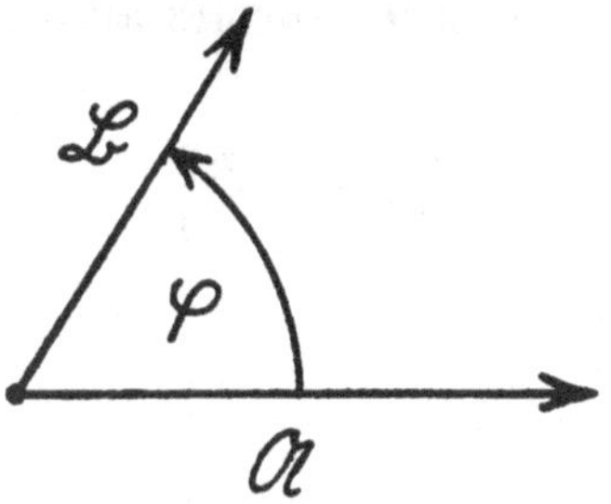

Abb. 5

Mithin ist $|\mathfrak{A}| = +\sqrt{\mathfrak{A}^2}$. (Die Gleichung $\mathfrak{A} = \sqrt{\mathfrak{A}^2}$ jedoch wäre sinnlos, da darin das Gleichheitszeichen zwischen einem Vektor und einer Zahl stünde.)

Mit $\dfrac{\mathfrak{A}}{+\sqrt{\mathfrak{A}^2}}$ ist ein Vektor gegeben, der die Richtung von $\mathfrak{A}$ und den Betrag Eins hat. Vektoren vom Betrage Eins werden Einheitsvektoren genannt und durch den Exponenten Null bezeichnet. Also z. B.

$$\mathfrak{P}^0 = \frac{\mathfrak{P}}{+\sqrt{\mathfrak{P}^2}}, \text{ und } \mathfrak{P} = |\mathfrak{P}| \cdot \mathfrak{P}^0.$$

Man kann ein inneres Produkt auch berechnen, ohne die Winkelfunktion des Kosinus heranzuziehen (Abb. 6). Um das Innenprodukt $\mathfrak{A}\mathfrak{B}$ zu bilden, fälle man vom Endpunkt des Vektors $\mathfrak{B}$ ein Lot auf den Vektor $\mathfrak{A}$, das diesen im Punkte F trifft. Dieser Punkt F soll der Endpunkt eines neuen Vektors $\mathfrak{B}'$ sein. Dann ist $p = \mathfrak{A}\mathfrak{B} = \mathfrak{A}\mathfrak{B}'$. Eine Winkelmessung ist bei dieser Konstruktion nicht nötig. Daß sie den gleichen Zahlwert ergibt, ist leicht einzusehen. Der Vergleich der Abbildungen 5 und 6 läßt erkennen, daß beide Anweisungen das gleiche ergeben; auch dem Vorzeichen nach. Ebenso, daß man auch vom Endpunkt des Vektors $\mathfrak{A}$ ein Lot auf den Vektor $\mathfrak{B}$ fällen könnte.

Werden aus zwei Vektoren $\mathfrak{A}$ und $\mathfrak{B}$ durch Multiplikation mit beliebigen Zahlen α und β die Vektoren $\alpha \cdot \mathfrak{A} = \mathfrak{A}^*$ und $\beta \cdot \mathfrak{B} = \mathfrak{B}^*$ gebildet, so ist $\mathfrak{A}^*\mathfrak{B}^* = \alpha\beta \cdot \mathfrak{A}\mathfrak{B}$. Werden also die beiden Vektoren eines inneren Produkts mit Zahlen multipliziert, so

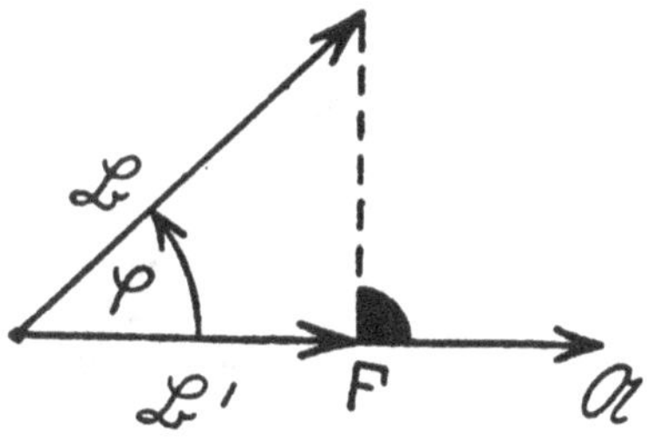

Abb. 6a

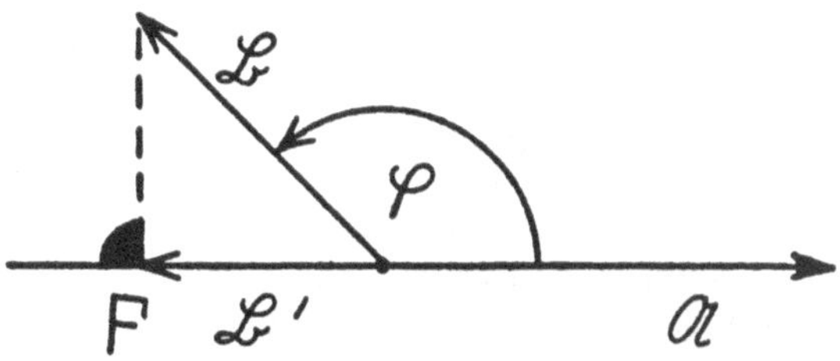

Abb. 6b

bekommt ihr inneres Produkt das Produkt dieser Zahlen als Faktor. Diese Regel gilt für positive und negative Zahlen, wovon sich der Leser überzeugen möge.

Es gilt der Satz: $\mathfrak{A}(\mathfrak{B}+\mathfrak{C}) = \mathfrak{A}\mathfrak{B}+\mathfrak{A}\mathfrak{C}$. Zum Beweise bildet man die Innenprodukte nach der an Abb. 6 erläuterten Methode, indem man die Vektoren $\mathfrak{B}$, $\mathfrak{C}$ und $\mathfrak{R} = \mathfrak{B}+\mathfrak{C}$ wie dort auf den Vektor $\mathfrak{A}$ senkrecht projiziert. Dadurch entstehen die in $\mathfrak{A}$ liegenden Vektoren $\mathfrak{B}'$, $\mathfrak{C}'$, $\mathfrak{R}'$ (Abb. 7). Es ist nun $\mathfrak{A}\mathfrak{B} = \mathfrak{A}\mathfrak{B}'$ und $\mathfrak{A}\mathfrak{C} = \mathfrak{A}\mathfrak{C}'$ sowie $\mathfrak{A}\mathfrak{R} = \mathfrak{A}\mathfrak{R}'$. Die Addition $\mathfrak{R}' = \mathfrak{B}' + \mathfrak{C}'$ bedeutet jetzt nur ein Zusammenzählen von Längen, sodaß $\mathfrak{A}\mathfrak{R}' = \mathfrak{A}(\mathfrak{B}'+\mathfrak{C}') = \mathfrak{A}\mathfrak{B}' + \mathfrak{A}\mathfrak{C}'$ sofort einleuchtet. Damit ist auch $\mathfrak{A}(\mathfrak{B}+\mathfrak{C}) = \mathfrak{A}\mathfrak{B} + \mathfrak{A}\mathfrak{C}$ bewiesen. (Der Leser fasse die Abb. 7 räumlich so auf, daß die Vektoren $\mathfrak{A}$, $\mathfrak{B}$ und $\mathfrak{C}$ nicht in einer Ebene liegen. Die gestrichelten Lote sind dann nicht parallel. Der Satz erscheint dann übrigens nicht mehr selbstverständlich, sondern eines Beweises durchaus bedürftig.)

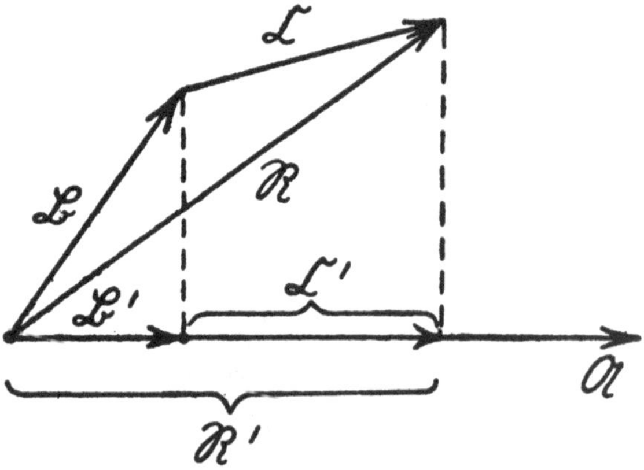

Abb. 7

Drei *Übungsaufgaben:*

(1) Der in Abb. 6 gezeichnete Vektor $\mathfrak{B}'$ ist durch $\mathfrak{A}$ und $\mathfrak{B}$ auszudrücken.

Es ist $\mathfrak{B}' = \dfrac{\mathfrak{A}\mathfrak{B}}{\mathfrak{A}^2}\cdot\mathfrak{A}$.

(2) Der kürzeste Beweis des pythagoräischen Lehrsatzes.

Die Seiten des rechtwinkligen Dreiecks (Abb. 8) werden als Vektoren $\mathfrak{A}$, $\mathfrak{B}$, $\mathfrak{C}$ aufgefaßt. Es ist $\mathfrak{C} = \mathfrak{A}+\mathfrak{B}$. Multipliziert man die rechts und links stehenden Vektoren in dieser Gleichung mit sich selbst, so bekommt man $\mathfrak{C}^2 = \mathfrak{A}^2 + \mathfrak{B}^2 + 2\,\mathfrak{A}\mathfrak{B}$. Es ist $\mathfrak{A}\mathfrak{B} = 0$, und $\mathfrak{C}^2 = \mathfrak{A}^2 + \mathfrak{B}^2$ ist der „Pythagoras“.

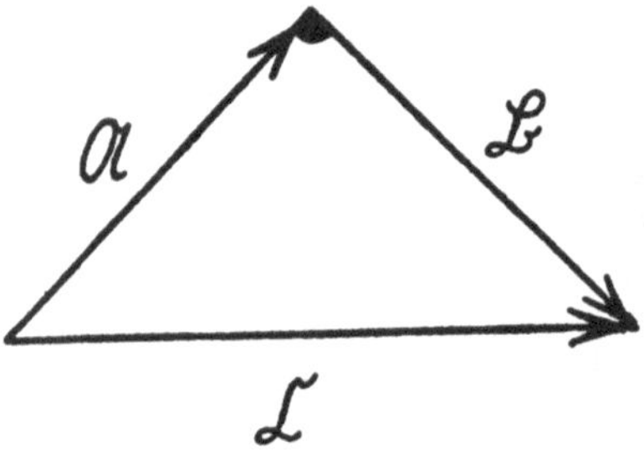

Abb. 8

(3) Beweis, daß sich die drei Dreieckshöhen in einem Punkte schneiden. (Vgl. Abb. 9.) $\mathfrak{A}$, $\mathfrak{B}$, $\mathfrak{C}$ (mit $\mathfrak{A}+\mathfrak{B}+\mathfrak{C} = 0$) sind die Seiten eines Dreiecks. Es werden

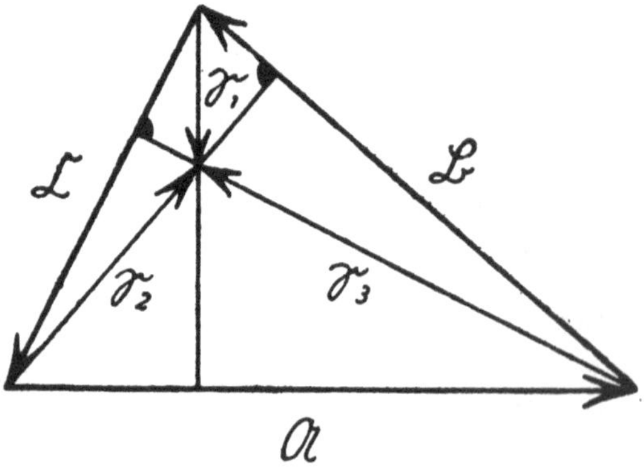

Abb. 9

Lote auf $\mathfrak{B}$ und $\mathfrak{C}$ gefällt, deren Schnittpunkt Spitze der Vektoren $\mathfrak{S}_2$ und $\mathfrak{S}_3$ ist. Nach diesem Punkte wird der Vektor $\mathfrak{S}_1$ gezogen. Es ist dann zu beweisen, daß dieser Vektor senkrecht auf $\mathfrak{A}$ steht.

Es ist $\mathfrak{A} = \mathfrak{S}_2 - \mathfrak{S}_3$ und $\mathfrak{B} = \mathfrak{S}_3 - \mathfrak{S}_1$. Addiert man diese Gleichungen, nachdem die erste innerlich mit $\mathfrak{B}$ und die zweite mit $-\mathfrak{A}$ multipliziert ist, so hat man

$$0 = \mathfrak{B}\,\mathfrak{S}_2 - \mathfrak{B}\,\mathfrak{S}_3 - \mathfrak{A}\,\mathfrak{S}_3 + \mathfrak{A}\,\mathfrak{S}_1.$$

Nun ist $\mathfrak{B}\,\mathfrak{S}_2 = 0$, und $\mathfrak{A} + \mathfrak{B} = -\mathfrak{C}$; also $\mathfrak{S}_3(\mathfrak{A} + \mathfrak{B}) = -\mathfrak{S}_3\,\mathfrak{C} = 0$.

Folglich ist $\mathfrak{A}\,\mathfrak{S}_1 = 0$, was zu beweisen war.

6) Das **äußere Produkt** zweier Vektoren $\mathfrak{A}$ und $\mathfrak{B}$ soll ein neuer **Vektor** $\mathfrak{D}$ sein. Schreibweise: $\mathfrak{D} = [\mathfrak{A}\,\mathfrak{B}]$. Bestimmung von $\mathfrak{D}$: (Abb. 10).

(1) $\mathfrak{D}$ steht senkrecht auf $\mathfrak{A}$ und auf $\mathfrak{B}$.

(2) $|\mathfrak{D}| = |\mathfrak{A}| \cdot |\mathfrak{B}| \cdot \sin\varphi$. $(0 < \varphi < 180°)$

(3) Die „Fußregel". Man denke sich den Vektor $\mathfrak{D}$ als menschliche Figur, deren Kopf die Pfeilspitze ist und deren Fersen im Anfangspunkt von $\mathfrak{D}$ stehen. Dann soll ihr rechter Fuß auf dem Vektor $\mathfrak{A}$, d. h. dem ersten Vektor im äußeren Produkt stehen, und ihr linker Fuß auf dem zweiten Vektor $\mathfrak{B}$. Der Öffnungswinkel der Füße soll also φ sein. Damit ist der Richtungssinn des neuen Vektors $\mathfrak{D}$ und dieser selbst völlig bestimmt.

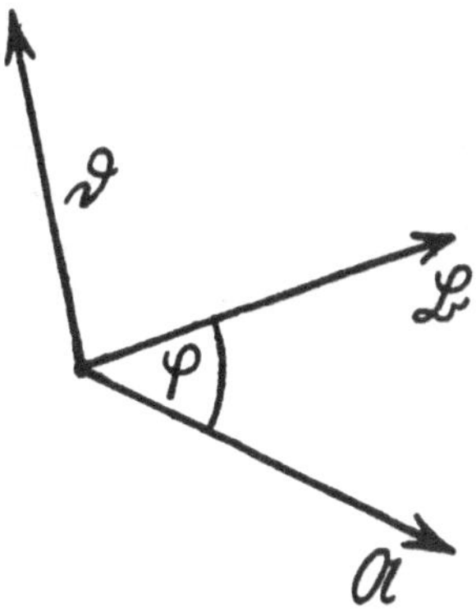

Abb. 10

Ein Vektor $\mathfrak{D}' = [\mathfrak{B}\,\mathfrak{A}]$, bei dem $\mathfrak{B}$ der erste, und $\mathfrak{A}$ der zweite Vektor ist, hat den gleichen Betrag wie $\mathfrak{D} = [\mathfrak{A}\,\mathfrak{B}]$; aber wegen der Fußregel (Kopf jetzt nach unten hängend) die entgegengesetzte Richtung. Das äußere Produkt ist also so definiert, daß $[\mathfrak{A}\,\mathfrak{B}] = -[\mathfrak{B}\,\mathfrak{A}]$ ist.

Sind die Richtungen von $\mathfrak{A}$ und $\mathfrak{B}$ einander parallel ($\varphi = 0$, oder $\varphi = 180°$), so ist ihr äußeres Produkt Null.

Ist $\mathfrak{A}^* = p \cdot \mathfrak{A}$ und $\mathfrak{B}^* = q \cdot \mathfrak{B}$, wobei p und q irgendwelche Zahlen sind, so ist $\mathfrak{D}^* = [\mathfrak{A}^*\,\mathfrak{B}^*] = p\,q\,[\mathfrak{A}\,\mathfrak{B}] = p\,q \cdot \mathfrak{D}$, wenn $\mathfrak{D} = [\mathfrak{A}\,\mathfrak{B}]$ war.

Der Leser überlege sich dies für die vier Möglichkeiten gleicher und verschiedener Vorzeichen von p und q.

Es seien $\mathfrak{A}$ und $\mathfrak{B}$ zwei Vektoren mit gemeinsamen Anfangspunkt O (Abb. 11). Von O geht ein dritter Vektor $\mathfrak{C}$ aus, der mit $\mathfrak{A}$ und $\mathfrak{B}$ durch die Vektorgleichung

$$\mathfrak{C} = \mathfrak{B} + t \cdot \mathfrak{A}$$

zusammenhängen soll. Darin bedeutet t eine Zahl, die veränderlich ist und alle positiven und negativen Werte durchlaufen soll. Dann ist auch der Vektor $\mathfrak{C}$ mit t veränderlich. Er bewegt sich so, daß sein Endpunkt eine Gerade g durchläuft, die durch den Endpunkt von $\mathfrak{B}$ geht und dem Vektor $\mathfrak{A}$ parallel ist.

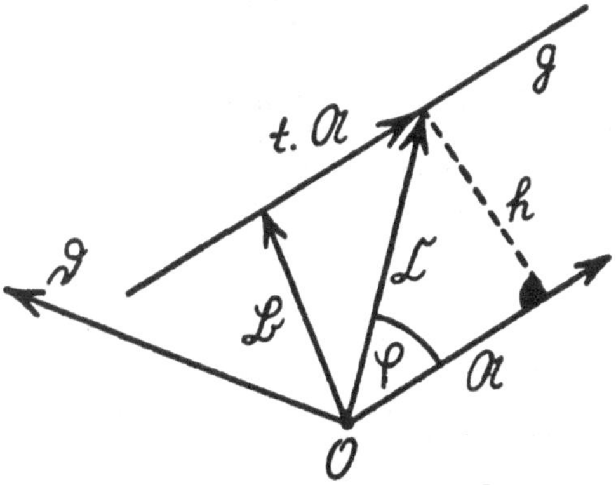

Abb. 11

Alle Außenprodukte $[\mathfrak{A}\,\mathfrak{C}] = [\mathfrak{A}\,(\mathfrak{B} + t \cdot \mathfrak{A})]$ sind nun einander gleich; nämlich gleich $\mathfrak{D} = [\mathfrak{A}\,\mathfrak{B}]$. In der Tat ist die Richtung aller Vektoren, die gleich dem Außenprodukt $[\mathfrak{A}\,\mathfrak{C}]$ sind, die gleiche, nämlich senkrecht auf der Ebene der Vektoren $\mathfrak{A}$ und $\mathfrak{B}$, in der auch alle Vektoren $\mathfrak{C}$ liegen. Der Betrag der Vektoren $[\mathfrak{A}\,\mathfrak{C}]$ ist auch stets der gleiche, nämlich $|\mathfrak{A}| \cdot |\mathfrak{C}| \cdot \sin\varphi$, worin φ den (mit t veränderlichen) Winkel zwischen $\mathfrak{C}$ und $\mathfrak{A}$ bedeutet. Es ist ja $|\mathfrak{C}| \cdot \sin\varphi$ gleich dem Abstand h der Geraden g vom Vektor $\mathfrak{A}$.

Die Außenprodukte $[\mathfrak{A}\,(\mathfrak{B} + t \cdot \mathfrak{A})]$ ergeben also bei veränderlichem t für alle Werte von t denselben Vektor $\mathfrak{D} = [\mathfrak{A}\,\mathfrak{B}]$.

Von diesem Prinzip werden wir sogleich Gebrauch machen, um den Satz

$$[\mathfrak{A}\,(\mathfrak{P} + \mathfrak{Q})] = [\mathfrak{A}\,\mathfrak{P}] + [\mathfrak{A}\,\mathfrak{Q}]$$

zu beweisen.

Wenn man sich die sieben Vektoren $\mathfrak{A}$, $\mathfrak{P}$, $\mathfrak{Q}$, $(\mathfrak{P} + \mathfrak{Q})$, $[\mathfrak{A}\,\mathfrak{P}]$, $[\mathfrak{A}\,\mathfrak{Q}]$, $[\mathfrak{A}\,(\mathfrak{P} + \mathfrak{Q})]$ von einem gemeinsamen Anfangspunkte O in den Raum nach sieben verschiedenen Richtungen ausstrahlend vorstellt, so sieht man ein, daß der vorstehende Satz, d. h. die Zulässigkeit des „Ausmultiplizierens einer Klammer" beim äußeren Produkt keineswegs selbstverständlich ist.

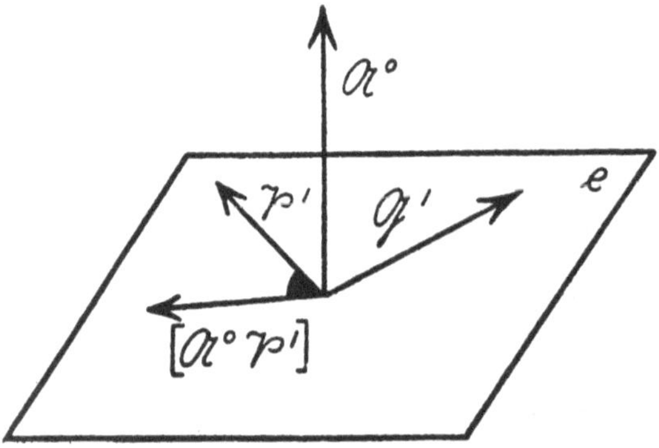

Abb. 12

Wir beweisen diesen Satz zuerst für einen Sonderfall. Es soll erstens der Vektor $\mathfrak{A}$ ein Einheitsvektor sein. Wir schreiben ihn daher $\mathfrak{A}^\circ$. Zweitens sollen die beiden anderen Vektoren senkrecht zu $\mathfrak{A}^\circ$ sein. Wir bezeichnen sie mit $\mathfrak{P}'$ und $\mathfrak{Q}'$. Die Abb. 12 zeigt die Lage. Der Vektor $\mathfrak{A}^\circ$ steht senkrecht auf der durch die Vektoren $\mathfrak{P}'$ und $\mathfrak{Q}'$ gelegten Ebene e. Der Vektor $[\mathfrak{A}^\circ\,\mathfrak{P}']$ liegt nun auch in dieser Ebene e, weil er senkrecht auf $\mathfrak{A}^\circ$ steht. Er bildet ferner mit $\mathfrak{P}'$ einen rechten Winkel. Schließlich hat $[\mathfrak{A}^\circ\,\mathfrak{P}']$ den gleichen Betrag wie $\mathfrak{P}'$, denn es ist $|\mathfrak{A}^\circ| = 1$, und der Winkel φ zwischen $\mathfrak{A}^\circ$ und $\mathfrak{P}'$ ist hier 90°. Der Vektor $[\mathfrak{A}^\circ\,\mathfrak{P}']$ entsteht also dadurch, daß $\mathfrak{P}'$ in der Ebene e um 90° gedreht wird und nach dieser Drehung den Vektor $[\mathfrak{A}^\circ\,\mathfrak{P}']$ darstellt.

Ebenso werden die Außenprodukte $[\mathfrak{A}^\circ\,\mathfrak{Q}']$ und $[\mathfrak{A}^\circ\,(\mathfrak{P}' + \mathfrak{Q}')]$ hier einfach dadurch erhalten, daß die Vektoren $\mathfrak{Q}'$ und $(\mathfrak{P}' + \mathfrak{Q}')$ in der Ebene e um 90° gedreht werden. Die beiden aus den Vektoren $\mathfrak{P}'$, $\mathfrak{Q}'$, $(\mathfrak{P}' + \mathfrak{Q}')$ einerseits und den Vektoren $[\mathfrak{A}^\circ\,\mathfrak{P}']$, $[\mathfrak{A}^\circ\,\mathfrak{Q}']$, $[\mathfrak{A}^\circ\,(\mathfrak{P}' + \mathfrak{Q}')]$ andererseits bestehenden Figuren sind also kongruent und um 90° gegeneinander verdreht. Folglich ist $[\mathfrak{A}^\circ\,(\mathfrak{P}' + \mathfrak{Q}')] = [\mathfrak{A}^\circ\,\mathfrak{P}'] + [\mathfrak{A}^\circ\,\mathfrak{Q}']$, weil der Vektor $(\mathfrak{P}' + \mathfrak{Q}') = \mathfrak{P}' + \mathfrak{Q}'$ ist.

Die Abb. 13 zeigt dieses Bild in der Ebene e. Für den Sonderfall ist der Satz also bewiesen. Wir lassen jetzt die spezielle Voraussetzung fallen, daß $\mathfrak{P}$ und $\mathfrak{Q}$ senkrecht zu $\mathfrak{A}^\circ$ stehen. Dieser allgemeinere Fall läßt sich nun auf den soeben behandelten Sonderfall durch das mit Abb. 11 dargestellte Prinzip zurückführen. Abb. 14 zeigt die drei Vektoren $\mathfrak{A}^\circ$, $\mathfrak{P}$, $\mathfrak{Q}$ sowie die auf $\mathfrak{A}^\circ$ senkrechte Ebene e. Durch die Spitzen von $\mathfrak{P}$ und $\mathfrak{Q}$ werden Gerade g_1 und g_2 parallel zu $\mathfrak{A}^\circ$, also senkrecht zur „Grundrißebene" e gezogen. Sie treffen die Ebene e in zwei Punkten, zu denen in der Ebene e die Vektoren $\mathfrak{P}'$ und $\mathfrak{Q}'$ gezogen werden. Es sind also $\mathfrak{P}'$ und $\mathfrak{Q}'$ die „Grundrisse" der Vektoren $\mathfrak{P}$ und $\mathfrak{Q}$. Der Vektor $(\mathfrak{P} + \mathfrak{Q})$ hat den Vektor $(\mathfrak{P}' + \mathfrak{Q}')$ zum Grundriß, da die Summierung der Vektoren $\mathfrak{P}$ und $\mathfrak{Q}$ durch das aus $\mathfrak{P}$ und $\mathfrak{Q}$ gebildete Parallelogramm erfolgt, dessen Grundriß das aus $\mathfrak{P}'$ und $\mathfrak{Q}'$ gebildete Parallelogramm ist. Die Spitzen der Vektoren $(\mathfrak{P} + \mathfrak{Q})$ und $(\mathfrak{P}' + \mathfrak{Q}')$ liegen also auf einer Geraden g_3, die ebenfalls $\mathfrak{A}^\circ$ parallel ist.

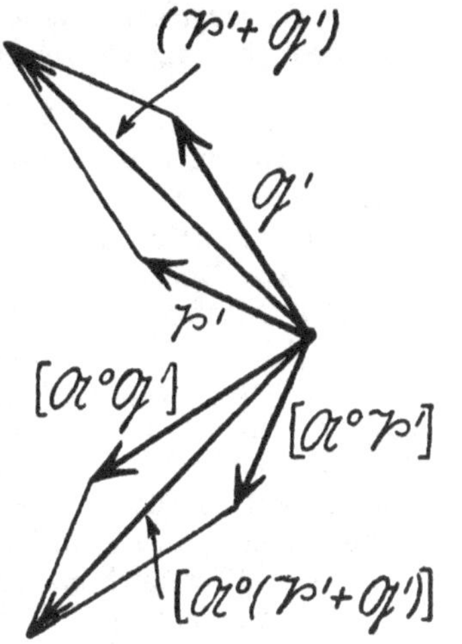

Abb. 13

Nach dem Prinzip von Seite 9 (Abb. 11) ist nun $[\mathfrak{A}^\circ \mathfrak{P}'] = [\mathfrak{A}^\circ \mathfrak{P}]$; $[\mathfrak{A}^\circ \mathfrak{Q}'] = [\mathfrak{A}^\circ \mathfrak{Q}]$; $[\mathfrak{A}^\circ (\mathfrak{P}' + \mathfrak{Q}')] = [\mathfrak{A}^\circ (\mathfrak{P} + \mathfrak{Q})]$. Denn es ist $\mathfrak{P}' = \mathfrak{P} + \mathfrak{A}^\circ \cdot t_1$, wenn t_1 so gewählt wird, daß $\mathfrak{P}'$ in der Ebene e liegt. Ebenso entstehen die beiden anderen Gleichungen, wenn in $\mathfrak{Q}' = \mathfrak{Q} + \mathfrak{A}^\circ \cdot t_2$ und $(\mathfrak{P}' + \mathfrak{Q}') = (\mathfrak{P} + \mathfrak{Q}) + \mathfrak{A}^\circ \cdot t_3$ die Zahlen t_2 und t_3 richtig gewählt werden.

Der Satz $[\mathfrak{A}^\circ (\mathfrak{P} + \mathfrak{Q})] = [\mathfrak{A}^\circ \mathfrak{P}] + [\mathfrak{A}^\circ \mathfrak{Q}]$ ist damit bewiesen, da er vorher für $\mathfrak{P}'$ und $\mathfrak{Q}'$ bewiesen wurde.

Setzt man jetzt noch $\mathfrak{A} = \alpha \cdot \mathfrak{A}^\circ$, so braucht man nur den Zahlfaktor α vor alle mit $\mathfrak{A}^\circ$ gebildeten Außenprodukte zu setzen, um statt des speziellen Einheitsvektors $\mathfrak{A}^\circ$ den allgemeinen Vektor $\mathfrak{A}$ in den Außenprodukten stehen zu haben. Da der Faktor α bei der Aufstellung der zu beweisenden Gleichung wieder herausfällt, ist der Satz $[\mathfrak{A} (\mathfrak{P} + \mathfrak{Q})] = [\mathfrak{A} \mathfrak{P}] + [\mathfrak{A} \mathfrak{Q}]$ jetzt allgemein bewiesen.

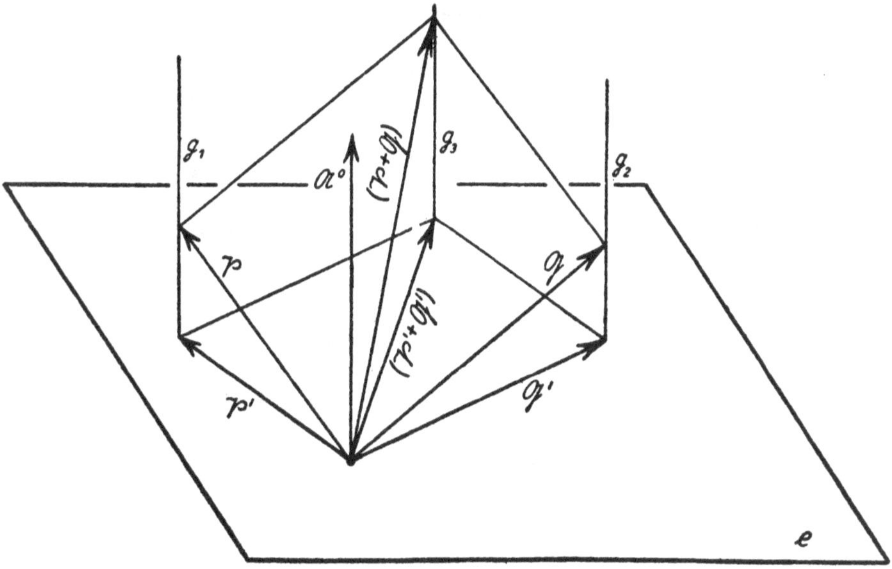

Abb. 14

Der hier vorgeführte Beweis ist eine gute Übung für das räumliche Vorstellungsvermögen, ohne das die Vektorrechnung ihren Reiz und auch ihre Bedeutung verliert.

7. Statik und Vektorrechnung

Die Anwendung der Vektorrechnung in der Mechanik soll an einer Aufgabe der Statik gezeigt werden.

An einer Scheibe, die auf einem Tisch verschoben werden kann, greifen an drei oder mehr Punkten Kräfte an. Etwa dadurch, daß in die ScheibeNägel eingeschlagen wurden, an denen Bindfäden befestigt sind. An diesen Bindfäden wird durch die Kräfte gezogen. Die Bindfäden sollen dabei in der Ebene der Scheibe bleiben. Man hat dann ein sogenanntes ebenes Kräftesystem von drei oder mehr Kräften vor sich. Es wird die Frage gestellt, wann dieses Kräftesystem im Gleichgewicht ist. Dies ist dann der Fall, wenn die Scheibe unter dem Einfluß der Kräfte in Ruhe bleibt. Weiter kann man fragen, welche Kräfte gegebenenfalls zu dem Kräftesystem noch hinzugefügt werden müßten, damit Gleichgewicht hergestellt wird.

Jede Kraft ist durch drei Angaben festgelegt: Angabe der Stelle, wo der Nagel eingeschlagen wurde, an dem der Bindfaden befestigt ist. Angabe der Richtung des Bindfadens und Angabe der Spannung des Bindfadens. Die Richtung und Spannung des Bindfadens wird durch einen Vektor $\mathfrak{K}$ dargestellt, wenn vereinbart wurde, durch wieviel Zentimeter Vektorlänge ein kg der Fadenspannung dargestellt werden soll. Diese Vektoren $\mathfrak{K}$ sollen Kraftvektoren heißen. Um die Nägel als „Angriffspunkte der Kräfte“ in ihrer Lage auf der Scheibe zu kennzeichnen, wird auf dieser ein beliebiger Punkt O als Nullpunkt angenommen, von dem Vektoren $\mathfrak{A}$ zu den Nägeln als Angriffspunkte der Kräfte gezogen werden. Wir nennen diese Vektoren daher „Angriffsvektoren“.

Jetzt ist jede Kraft durch die beiden Vektoren $\mathfrak{A}$ und $\mathfrak{K}$ völlig in ihrer Wirkung auf die Scheibe beschrieben (Abb. 15).

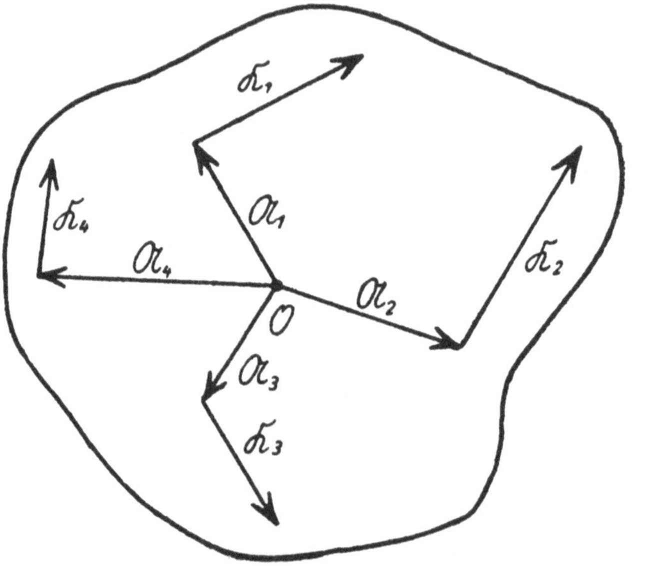

Abb. 15

Wir denken uns nun die Scheibe um den Nullpunkt O drehbar. Etwa so, daß sie in O durchbohrt ist und sich um einen in dem Tisch befestigten Stift drehen kann. Bilden wir für die erste Kraft das äußere Produkt $\mathfrak{M}_1 = [\mathfrak{A}_1 \mathfrak{K}_1]$ so ist dies ein Vektor, der auf der Scheibenebene senkrecht steht. Sein Betrag gibt die Größe des Drehmoments an, mit dem die erste Kraft die Scheibe um den Stift O zu drehen sucht. Man bezeichnet den Punkt O daher auch als Momentenpunkt. Wie wir wissen (s. Seite 9), ist $\mathfrak{M}_1 = [\mathfrak{A}_1 \mathfrak{K}_1] = (\mathfrak{A}_1 + t \cdot \mathfrak{K}_1)\mathfrak{K}_1]$ für einen beliebigen Wert von t. Diese Vektorgleichung entspricht einem Satz der Mechanik, welcher aussagt, daß man den Angriffspunkt (Nagel) einer Kraft auf ihrer Angriffslinie (Bindfaden) beliebig annehmen darf, ohne an der Wirkung der Kraft auf einen starren Körper (Scheibe) etwas zu ändern.

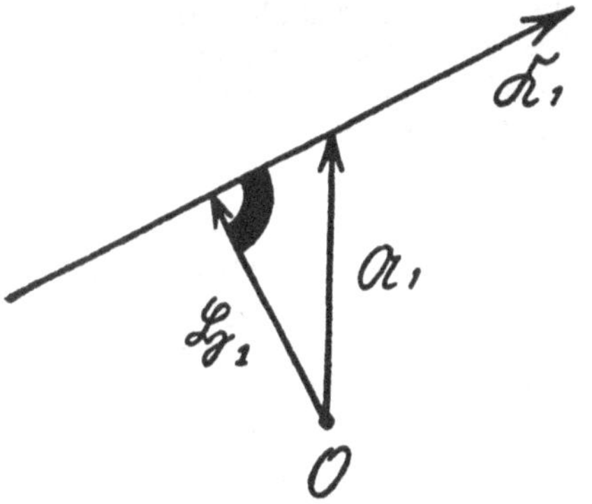

Abb. 16

Wählen wir den Wert t in der letzten Vektorgleichung so, daß (Abb. 16)

$$\mathfrak{H}_1 = \mathfrak{A}_1 + t \cdot \mathfrak{K}_1$$

ein auf $\mathfrak{K}_1$ senkrecht stehender Vektor wird, so ist $|\mathfrak{H}_1| = h_1$ der „Hebelarm", mit dem die Kraft $\mathfrak{K}_1$ die Scheibe um den Stift in O zu drehen sucht. Setzen wir noch $k_1 = |\mathfrak{K}_1|$, so hat $\mathfrak{M}_1$ den Betrag $|\mathfrak{M}_1| = h_1 \cdot k_1$. Man nennt daher $\mathfrak{M} = [\mathfrak{A}\mathfrak{K}]$ den Momentenvektor einer Kraft in bezug auf den Momentenpunkt O. Für einen anderen Momentenpunkt kommt ein anderer Momentenvektor heraus, da der Angriffsvektor dann ein anderer wird. Die von allen Kräften unseres Systems ausgeübte Drehwirkung um den Punkt O als Momentenpunkt wird durch Summation aller Momentenvektoren $\mathfrak{M}_1 = [\mathfrak{A}_1 \mathfrak{K}_1]$; $\mathfrak{M}_2 = [\mathfrak{A}_2 \mathfrak{K}_2]$; ... $\mathfrak{M}_n = [\mathfrak{A}_n \mathfrak{K}_n]$ erhalten. Wir nennen

$$\mathfrak{M} = \mathfrak{M}_1 + \mathfrak{M}_2 + \dots + \mathfrak{M}_n$$

den resultierenden Momentenvektor aller Kräfte. Beim ebenen Kräftesystem stehen alle Momentenvektoren senkrecht zur Scheibe. Es sind also nur ihr Längen unter Berücksichtigung der Vorzeichen zu addieren. Kommt bei dieser Additition $\mathfrak{M} = 0$ heraus, so wird sich die Scheibe nicht um den Stift O drehen; ist dagegen $\mathfrak{M} \neq 0$, so wird die Scheibe in Drehung geraten.

Nun war der Momentenpunkt O willkürlich gewählt. Es entsteht daher die Frage nach dem Verhalten der Scheibe, wenn sie um einen anderen Punkt O′ drehbar gemacht wird. Mit $\mathfrak{A}'$ seien die Angriffsvektoren bezeichnet, die von dem jetzt neugewählten Momentenpunkt O′ nach den Nägeln führen. Die Momentenvektoren $\mathfrak{M}'_1 = [\mathfrak{A}'_1 \mathfrak{K}_1]$; ... geben jetzt die Drehwirkung der Kräfte um den neuen Drehpunkt an und

$$\mathfrak{M}' = \mathfrak{M}'_1 + \mathfrak{M}'_2 + \dots + \mathfrak{M}'_n$$

die diesbezügliche Gesamtwirkung aller Kräfte. Welche Beziehung besteht zwischen $\mathfrak{M}$ und $\mathfrak{M}'$?

Der neue Momentenpunkt O′ soll dadurch vektoriell eingeführt werden, daß ein Vektor $\mathfrak{D}$ vom alten O nach dem neuen O′ geführt wird (Abb. 17).

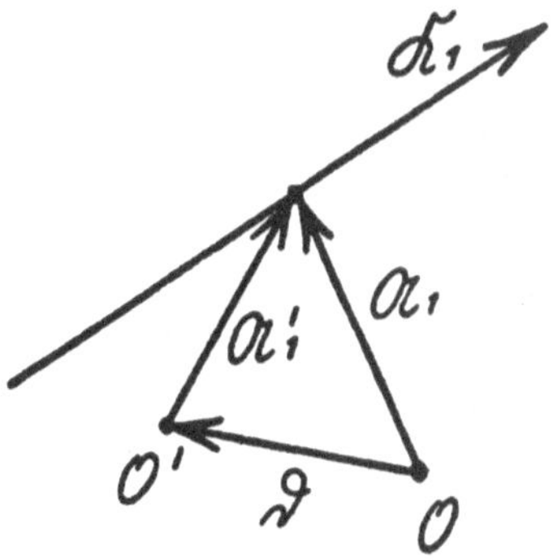

Abb. 17

Dann sind $\mathfrak{A}'_1 = \mathfrak{A}_1 - \mathfrak{D}$; $\mathfrak{A}'_2 = \mathfrak{A}_2 - \mathfrak{D}$; ... $\mathfrak{A}'_n = \mathfrak{A}_n - \mathfrak{D}$ die neuen, von O′ zu den Nägeln führenden Angriffsvektoren, und die neuen, auf O′ bezogenen Momentenvektoren werden

$$\mathfrak{M}'_1 = [\mathfrak{A}'_1 \mathfrak{K}_1] = [(\mathfrak{A}_1 - \mathfrak{D})\mathfrak{K}_1] = [\mathfrak{A}_1 \mathfrak{K}_1] - [\mathfrak{D}\mathfrak{K}_1] = \mathfrak{M}_1 - [\mathfrak{D}\mathfrak{K}_1];$$
$$\mathfrak{M}'_2 = [\mathfrak{A}'_2 \mathfrak{K}_2] = [(\mathfrak{A}_2 - \mathfrak{D})\mathfrak{K}_2] = [\mathfrak{A}_2 \mathfrak{K}_2] - [\mathfrak{D}\mathfrak{K}_2] = \mathfrak{M}_2 - [\mathfrak{D}\mathfrak{K}_2];\ \text{usw.}$$

Ist weiter $\mathfrak{M}' = \mathfrak{M}'_1 + \mathfrak{M}_2' + \ldots + \mathfrak{M}'_n$ der resultierende Momentenvektor für den Momentenpunkt O′, und bezeichnen wir mit $\mathfrak{R} = \mathfrak{K}_1 + \mathfrak{K}_2 + \ldots + \mathfrak{K}_n$ den Summenvektor der Kraftvektoren, so ist mit $\mathfrak{M}' = \mathfrak{M} - [\mathfrak{D}\mathfrak{R}]$ der Zusammenhang der Momentenvektoren $\mathfrak{M}$ und $\mathfrak{M}'$ gefunden. Hat man also für einen willkürlich gewählten Momentenpunkt O den resultierenden Momentenvektor $\mathfrak{M}$ berechnet, so kann man mit einem Vektor $\mathfrak{D}$ die ganze Ebene der Scheibe „abtasten“ und untersuchen, welche Momentenvektoren $\mathfrak{M}'$ sich für andere Momentenpunkte O′ ergeben.

Es sind nun drei Fälle möglich:

(1) Man findet bei einem willkürlich gewählten Momentenpunkt O sowohl $\mathfrak{R} = 0$ wie auch $\mathfrak{M} = 0$. Wegen $\mathfrak{R} = 0$ ist dann auch $\mathfrak{M}' = 0$ für irgendwelche anderen Momentenpunkte O′. D. h. die Scheibe dreht sich um keinen Punkt, wo wir uns auch durch einen Stift die Möglichkeit zu einer Drehung gegeben denken. In diesem und nur in diesem, durch $\mathfrak{R} = 0$ und $\mathfrak{M} = 0$ gekennzeichneten Fall bleibt die Scheibe stets in Ruhe. Die Kräfte unseres Systems sind in diesem Falle im Gleichgewicht.

(2) Man findet $\mathfrak{R} = 0$, aber $\mathfrak{M} \neq 0$. Dann ist bei allen Momentenpunkten stets $\mathfrak{M}' = \mathfrak{M}$. Das Drehmoment der Kräfte ist das gleiche, um welchen Punkt wir uns auch die Scheibe drehbar denken. In diesem Falle ist das Kräftesystem gleichwertig einem sogenannten Kräftepaar. Das heißt zwei Einzelkräften $\mathfrak{K}$ und $-\mathfrak{K}$, deren Angriffslinien parallel in einem solchen Abstand h von einander liegen, daß $h . |\mathfrak{K}| = |\mathfrak{M}|$ ist.

(3) Es ist $\mathfrak{R} \neq 0$ und $\mathfrak{M} \neq 0$. Dann kann man den Vektor $\mathfrak{D}$ so bestimmen, daß $\mathfrak{M}' = 0$ wird. Er muß dazu die Vektorgleichung $\mathfrak{M} = [\mathfrak{D}\mathfrak{R}]$ erfüllen. Das ist immer möglich, da $\mathfrak{D}$ und $\mathfrak{R}$ in der Ebene der Scheibe liegen und $\mathfrak{M}$ auf dieser Ebene senkrecht steht. Man hat nur $\mathfrak{D}$ senkrecht zu $\mathfrak{R}$ zu ziehen und den Betrag von $\mathfrak{D}$ so zu bestimmen, daß $|\mathfrak{D}| \cdot |\mathfrak{R}| = |\mathfrak{M}|$ wird. Dann führt $\mathfrak{D}$ zu einem neuen Momentenpunkt O′, für den $\mathfrak{M}' = 0$ ist (Abb. 18). Zieht man weiter durch O′ eine Parallele w zu $\mathfrak{R}$, so ist auch für alle Punkte dieser Geraden w das Moment $\mathfrak{M}' = 0$, denn es ist

$$\mathfrak{M} = [(\mathfrak{D} + t \cdot \mathfrak{R})\mathfrak{R}]$$

für beliebige Werte von t, und $\mathfrak{D} + t \cdot \mathfrak{R}$ gibt die Punkte der Geraden w. Fügt man also zu dem gegebenen Kräftesystem eine neue Kraft hinzu, die durch den Kraftvektor $-\mathfrak{R}$ dargestellt wird und die im Punkte O′ oder irgendeinem Punkte der Geraden w

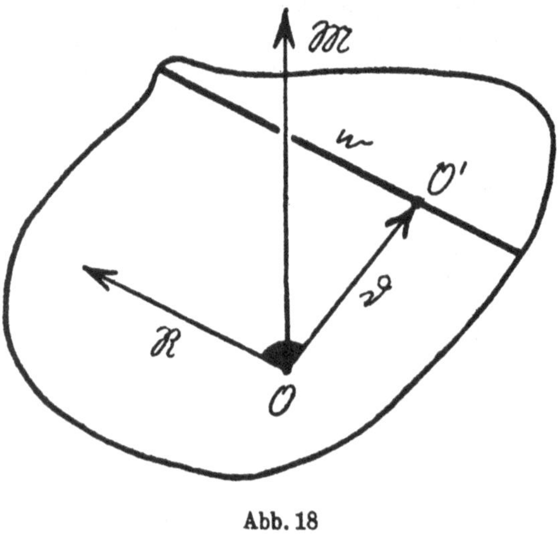

Abb. 18

angreift, so entsteht ein Kräftesystem, das nach (1) im Gleichgewicht ist. Denn sein resultierender Kraftvektor ist $\mathfrak{K}_1 + \mathfrak{K}_2 + \dots + \mathfrak{K}_n - \mathfrak{R} = 0$, und sein Momentenvektor im Punkte O und allen anderen Punkten ist Null. Das System der gegebenen Kräfte ist demnach gleichwertig einer einzelnen Kraft $\mathfrak{R}$, deren Wirkungslinie die Gerade w ist. Hätte man bereits für den ersten Momentenpunkt O das resultierende Moment $\mathfrak{M} = 0$ gefunden, so hieße das, daß die Wirkungslinie durch den Punkt O geht.

Das **räumliche Kräftesystem** weicht von dem ebenen darin ab, daß die Vektoren $\mathfrak{A}$ und $\mathfrak{K}$ beliebige Lage im Raum haben können. Es wird dann im allgemeinen der Vektor $\mathfrak{M}$ nicht senkrecht auf dem Vektor $\mathfrak{R}$ stehen, so daß die Gleichung $\mathfrak{M} = [\mathfrak{D}\,\mathfrak{R}]$ für den Vektor $\mathfrak{D}$ nicht mehr erfüllbar ist. Zerlegt man aber den Vektor $\mathfrak{M}$ in zwei Komponenten $\mathfrak{M}_s$ und $\mathfrak{M}_r$, von denen $\mathfrak{M}_r$ in die Richtung von $\mathfrak{R}$ fällt und die andere $\mathfrak{M}_s$ senkrecht zu $\mathfrak{R}$ steht, so ist die Gleichung $\mathfrak{M}_s = [\mathfrak{D}\,\mathfrak{R}]$ erfüllbar. Man kommt so mit $\mathfrak{D}$ zu einer bestimmten Geraden w, für deren Punkte $\mathfrak{M}'_s = \mathfrak{M}_s - [\mathfrak{D}\mathfrak{R}] = 0$ ist. Die Komponente $\mathfrak{M}_r$ ist die gleiche für alle Momentenpunkte, da $[\mathfrak{D}\mathfrak{R}]$ senkrecht dazu ist. Das räumliche Kräftesystem ist bei $\mathfrak{R} \neq 0$ gleichwertig einer Einzelkraft $\mathfrak{R}$, deren Wirkungslinie w ist. Dazu tritt noch ein Moment $\mathfrak{M}_r$, das dem Körper eine Drehung um die Wirkungslinie w der Einzelkraft $\mathfrak{R}$ zu erteilen sucht. Die Kräfte, die man etwa auf einen Bohrer ausübt, sind also dem allgemeinen Kräftesystem gleichwertig. Man spricht daher von einer „Kraftschraube" als Äquivalent eines Kräftesystems im Raum.

II. Vektoren und Koordinaten. Analytische Geometrie

1. Wir führen drei **„Grundvektoren"** $\mathfrak{i}, \mathfrak{j}, \mathfrak{k}$ ein. Sie sollen die Länge Eins haben, aufeinander senkrecht stehen, und ein „Rechtssystem" bilden. Also: $\mathfrak{i}^2 = \mathfrak{j}^2 = \mathfrak{k}^2 = 1$; $\mathfrak{i}\,\mathfrak{j} = \mathfrak{i}\,\mathfrak{k} = \mathfrak{j}\,\mathfrak{k} = 0$; $\mathfrak{k} = [\mathfrak{i}\,\mathfrak{j}]$; $\mathfrak{j} = [\mathfrak{k}\,\mathfrak{i}]$; $\mathfrak{i} = [\mathfrak{j}\,\mathfrak{k}]$.

Durch $\mathfrak{P} = x\,\mathfrak{i} + y\,\mathfrak{j} + z\,\mathfrak{k}$ ist dann ein Vektor $\mathfrak{P}$ bestimmt, sobald man den drei Zahlen x, y, z irgendwelche Werte gibt. Man bezeichnet diese Zahlen x, y, z als die Koordinaten des Vektors $\mathfrak{P}$ und die Vektoren $x\,\mathfrak{i}$, $y\,\mathfrak{j}$, $z\,\mathfrak{k}$ als seine Komponenten. Haben die Vektoren $\mathfrak{i}, \mathfrak{j}, \mathfrak{k}$ und $\mathfrak{P}$ einen Punkt O als gemeinsamen Anfangspunkt, so sind x, y, z die normalen, rechtwinkligen, kartesischen Koordinaten des Endpunktes P von $\mathfrak{P}$, und die Grundvektoren $\mathfrak{i}, \mathfrak{j}, \mathfrak{k}$ legen die Koordinatenachsen fest.

Ist ein Vektor $\mathfrak{P}$ geometrisch gegeben, so erhält man seine Komponenten dadurch, daß man von seinem Endpunkte P Lote auf die Grundvektoren fällt. Die Fußpunkte dieser Lote sind die Spitzen der Komponenten $x\,\mathfrak{i}$; $y\,\mathfrak{j}$; $z\,\mathfrak{k}$. Damit sind auch die Koordinaten x, y, z des Vektors gefunden (Abb. 19).

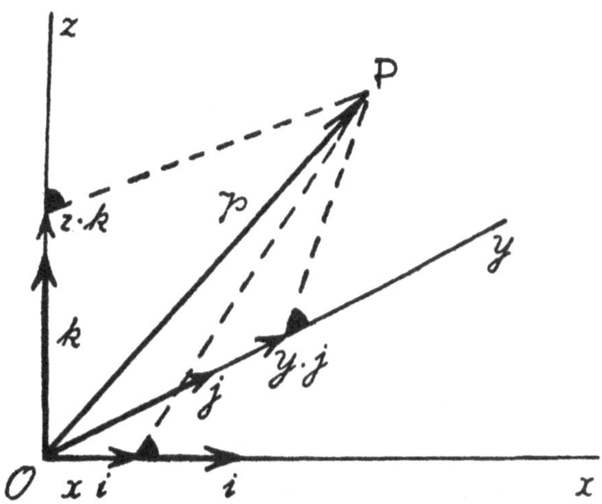

Abb. 19

In der Vektorrechnung entspricht dieser Konstruktion folgende Anweisung: Es ist $\mathfrak{P} = x\,\mathfrak{i} + y\,\mathfrak{j} + z\,\mathfrak{k}$, wobei jetzt $\mathfrak{P}$ als gegeben und die Koordinaten x, y, z als unbekannt angesehen werden. Man hat dann die drei inneren Produkte $x = \mathfrak{P}\,\mathfrak{i}$; $y = \mathfrak{P}\,\mathfrak{j}$; $z = \mathfrak{P}\,\mathfrak{k}$ zu bilden, um x, y und z zu finden. (Die Festsetzungen $\mathfrak{i}^2 = 1$; $\mathfrak{i}\,\mathfrak{j} = 0$ usw. sind dabei zu beachten.)

2. Inneres und äußeres Produkt in Koordinaten

Es sind zwei Vektoren $\mathfrak{P}_1$ und $\mathfrak{P}_2$ durch ihre Koordinaten x_1, y_1, z_1 und x_2, y_2, z_2 gegeben. Dann ist ihr Innenprodukt

$$\mathfrak{P} = \mathfrak{P}_1\,\mathfrak{P}_2 = (x_1\,\mathfrak{i} + y_1\,\mathfrak{j} + z_1\,\mathfrak{k})\,(x_2\,\mathfrak{i} + y_2\,\mathfrak{j} + z_2\,\mathfrak{k}) = x_1\,x_2 + y_1\,y_2 + z_1\,z_2,$$

und ihr Außenprodukt

$$\mathfrak{D} = [\mathfrak{P}_1\,\mathfrak{P}_2] = [(x_1\,\mathfrak{i} + y_1\,\mathfrak{j} + z_1\,\mathfrak{k})\,(x_2\,\mathfrak{i} + y_2\,\mathfrak{j} + z_2\,\mathfrak{k})] = x_3\,\mathfrak{i} + y_3\,\mathfrak{j} + z_3\,\mathfrak{k}.$$

Durch Ausmultiplizieren der Klammern bei Beachtung der Festsetzungen für die Grundvektoren findet man die Koordinaten des Vektors $\mathfrak{D}$:

$$\begin{aligned} x_3 &= y_1 \cdot z_2 - y_2 \cdot z_1 \\ y_3 &= x_2 \cdot z_1 - x_1 \cdot z_2 \\ z_3 &= x_1 \cdot y_2 - x_2 \cdot y_1. \end{aligned}$$

Für Leser, denen die Determinantenschreibweise bekannt ist, merken wir an, daß

$$\mathfrak{D} = \begin{vmatrix} \mathfrak{i} & \mathfrak{j} & \mathfrak{k} \\ x_1 & y_1 & z_1 \\ x_2 & y_2 & z_2 \end{vmatrix}$$

geschrieben werden kann.

3. Die Addition von Vektoren drückt sich durch ihre Koordinaten so aus:

$$\begin{aligned} \mathfrak{P}_1 &= x_1\,\mathfrak{i} + y_1\,\mathfrak{j} + z_1\,\mathfrak{k} \\ \mathfrak{P}_2 &= x_2\,\mathfrak{i} + y_2\,\mathfrak{j} + z_2\,\mathfrak{k} \\ \mathfrak{P}_3 &= \mathfrak{P}_1 + \mathfrak{P}_2 = (x_1 + x_2)\,\mathfrak{i} + (y_1 + y_2)\,\mathfrak{j} + (z_1 + z_2)\,\mathfrak{k} = x_3\,\mathfrak{i} + y_3\,\mathfrak{j} + z_3\,\mathfrak{k} \end{aligned}$$

(Vgl. Abb. 2 und 19).

Also $x_3 = x_1 + x_2$, $y_3 = y_1 + y_2$, $z_3 = z_1 + z_2$.

4. Analytische Geometrie in der Ebene

In diesem Abschnitt werden nur solche Vektoren vorkommen, deren z-Koordinaten Null sind, die also in der $\mathfrak{i}\,\mathfrak{j}$-Ebene liegen. Ferner sollen alle Vektoren den gleichen Anfangspunkt 0 (auch als Nullpunkt bezeichnet) haben, sofern nicht eine andere Lage besonders angegeben wird.

Die Gleichungen einer Geraden

Ein fester Vektor $\mathfrak{N}$ soll die Koordinaten a und b haben. Es ist also $\mathfrak{N} = a\,\mathfrak{i} + b\,\mathfrak{j}$. Ein beweglicher Vektor $\mathfrak{P}$ habe die veränderlichen Koordinaten x und y. Also

$$\mathfrak{P} = x\,\mathfrak{i} + y\,\mathfrak{j}.$$

Was bedeutet dann die Vektorgleichung $\mathfrak{N}\,\mathfrak{P} = d$, in der d eine gegebene Zahl sein soll? Der Vektor $\mathfrak{P}$ darf nach dieser Gleichung nur solche Lagen annehmen, daß der Vektor $\mathfrak{P}'$, dessen Endpunkt der Fußpunkt des von der Spitze von $\mathfrak{P}$ auf $\mathfrak{N}$ gefällten Lotes ist, immer der gleiche bleibt. (Vgl. Abb. 6 auf Seite 7.) Denn es muß ja auch $\mathfrak{P}'\,\mathfrak{N} = d$ bei allen Vektoren $\mathfrak{P}$, die der Vektorgleichung genügen, gleich bleiben. Macht man demnach $|\mathfrak{P}'| = \frac{|d|}{|\mathfrak{N}|}$ und zieht eine Gerade g senkrecht zu $\mathfrak{N}$ durch den Endpunkt von $\mathfrak{P}'$, so genügen alle diejenigen Vektoren der Vektorgleichung $\mathfrak{P}\,\mathfrak{N} = d$, deren Endpunkte P auf der Geraden g liegen. Man bezeichnet daher $\mathfrak{N}\,\mathfrak{P} = d$ als die Vektorgleichung der Geraden g. Durch Angabe des Vektors $\mathfrak{N}$ und der Zahl d ist die Gerade g in ihrer Lage völlig bestimmt. (Abb. 20.) Ist $d > 0$, so hat $\mathfrak{P}'$ die gleiche Richtung wie $\mathfrak{N}$; ist $d < 0$, die entgegengesetzte. Da der Vektor $\mathfrak{N}$ senkrecht auf der Geraden g steht, bezeichnet man ihn als den Normalvektor der Geraden. Hat er den Betrag Eins, so wird er mit $\mathfrak{N}^\circ$ bezeichnet, und die Zahl d auf der rechten Seite der Vektorgleichung $\mathfrak{P}\,\mathfrak{N}^\circ = d$ gibt dann den Abstand des Nullpunktes 0 von der Geraden an. Hat $\mathfrak{N}$ nicht die Länge Eins, so kann man die Vektorgleichung $\mathfrak{P}\,\mathfrak{N} = d$ durch $\sqrt{\mathfrak{N}^2}$ dividieren, um zu einem Normalvektor vom Betrage Eins zu kommen. Setzt man dann $\mathfrak{N}^\circ = \frac{\mathfrak{N}}{\sqrt{\mathfrak{N}^2}}$ und $\bar{d} = \frac{d}{\sqrt{\mathfrak{N}^2}}$, so lautet die Gleichung $\mathfrak{P}\,\mathfrak{N}^\circ = \bar{d}$, wobei $\bar{d}$ jetzt den Abstand der Geraden vom Nullpunkt angibt.

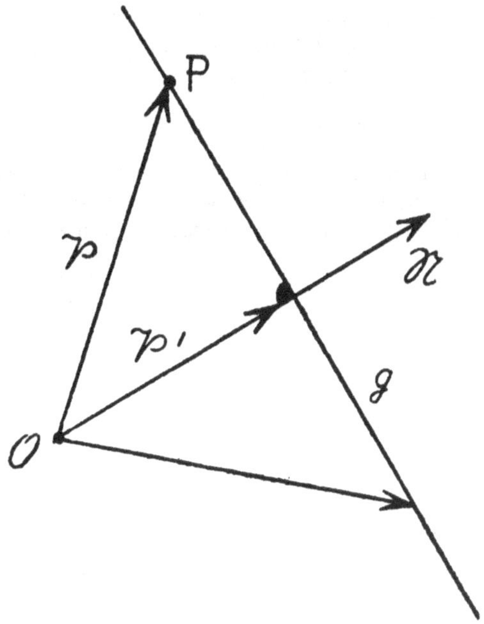

Abb. 20

Die Gleichung $\mathfrak{P}\,\mathfrak{N} = d$ der Geraden lautet in Koordinaten

(I) $$a\,x + b\,y = d.$$

Dividiert man diese Gleichung durch $\sqrt{a^2 + b^2}$, so entsteht die Gleichung

$$\frac{ax + by}{\sqrt{a^2 + b^2}} = \frac{d}{\sqrt{a^2 + b^2}} = \bar{d},$$ bei der $\bar{d}$ den Abstand der Geraden vom Nullpunkt angibt.

Dividiert man die Gleichung (I) durch d, so entsteht

(II) $$\frac{ax}{d} + \frac{by}{d} = 1.$$ Setzt man $\frac{d}{a} = u$ und $\frac{d}{b} = v$,

so erhält man die Gleichungsform

(III) $$\frac{x}{u} + \frac{y}{v} = 1.$$

Setzt man in dieser Gleichung $x = 0$, so erhält man $y = v$. Es ist v die y-Koordinate desjenigen Punktes der Geraden, dessen x-Koordinate Null ist. Die Zahl v in der Gleichung gibt also die Länge des Abschnitts an, der auf der y-Achse von der Geraden g abgeschnitten wird (Abb. 21). Mit $y = 0$ erhält man in u den Abschnitt auf der x-Achse. In der Abb. 21 ist $u > 0$ und $v < 0$.

(IV) Dividiert man die Gleichung (I) durch b und setzt $\frac{a}{b} = -p$, so entsteht die Gleichungsform $y = p \cdot x + v$. Darin ist v wieder der Abschnitt auf der y-Achse und $p = tg\,\alpha$ die Steigung der Geraden, wobei der Winkel α der Winkel zwischen der Geraden und der x-Achse, der sogenannte Steigungswinkel der Geraden ist. Auch aus der Abb. 21,

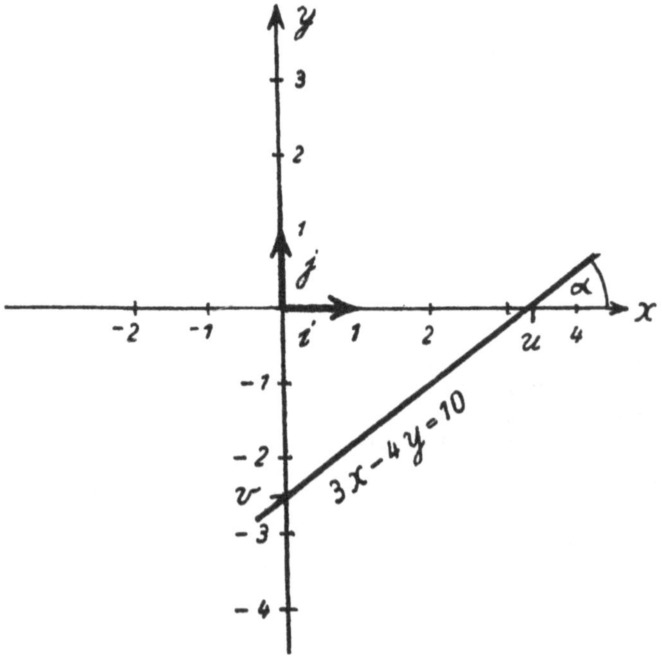

Abb. 21

in der $v < 0$ ist, liest man ab $tg\,\alpha = -\frac{v}{u}$.

Nun war früher bei (III) gesetzt $u = \frac{d}{a}$ und $v = \frac{d}{b}$. Folglich ist in der Tat

$$p = -\frac{a}{b} = tg\,\alpha = -\frac{v}{u}.$$

Alle Gleichungen (I), (II), (III), (IV) stellen ein und dieselbe Gerade dar. Man wählt diejenige Form der Gleichung, die gerade das deutlich hervortreten läßt, worauf es bei der jeweilig anzustellenden Überlegung oder Messung besonders ankommt. Will man z. B. die Steigung einer Geraden hervorheben, so wählt man die Form (IV). Kommt es auf den Abstand vom Nullpunkt an, so wählt man (II). Will man die Gleichung einer gezeichnet vorliegenden Geraden aufstellen, so empfiehlt sich die Form (III), da dann nur die Abschnitte u und v in der Zeichnung abzumessen sind. So zeigt die Abb. 21 die Gerade mit der Gleichung $3x - 4y = 10$. Wir empfehlen dem Leser, daraus die anderen Gleichungsformen abzuleiten.

Sonderfälle

1. Ist d in der Gleichung (I) Null, so geht die Gerade durch den Nullpunkt. Die Gleichungsform (III) ist dann nicht anwendbar.
2. Eine zur x-Achse parallele Gerade hat die Gleichung $y = v$.
3. Eine zur y-Achse parallele Gerade hat die Gleichung $x = u$.

Parametergleichungen einer Geraden

Die Vektorgleichung $\mathfrak{P} = \mathfrak{A} + \mathfrak{R} \cdot t$, in der $\mathfrak{A}$ und $\mathfrak{R}$ gegebene Vektoren, t eine veränderliche Zahl und $\mathfrak{P}$ ein veränderlicher Vektor ist, stellt, wie auf Seite 9 bereits gezeigt wurde, eine Gerade dar, auf der die Endpunkte P aller Vektoren $\mathfrak{P}$ liegen. Der Vektor $\mathfrak{R}$, dem die Gerade parallel ist, gibt die Richtung der Geraden an, und der Vektor $\mathfrak{A}$ führt zu demjenigen Punkte A der Geraden, der dem Wert $t = 0$ entspricht. Sind a_x und a_y die Koordinaten von $\mathfrak{A}$, und r_x, r_y die Koordinaten von $\mathfrak{R}$, sowie x, y die von $\mathfrak{P}$, also auch die Koordinaten des Punktes P, so entsprechen die Gleichungen

(V) $$x = a_x + t \cdot r_x$$
$$y = a_y + t \cdot r_y$$

zwischen diesen Koordinaten der Vektorgleichung. Die veränderliche Zahl t wird als „Parameter" bezeichnet und die beiden Gleichungen (V) als „Parametergleichungen" der Geraden. Sie werden in der Mechanik häufig benutzt.

Schnittpunkt zweier Geraden

Sind $$a_1 \cdot x + b_1 \cdot y = d_1$$
$$a_2 \cdot x + b_2 \cdot y = d_2$$

die Gleichungen zweier Geraden, so werden beide gemeinsam erfüllt durch die Koordinaten x, y ihres Schnittpunktes. Diese sind daher aus den beiden Gleichungen zu berechnen. Dies ist nicht möglich, wenn $a_1 \cdot b_2 - a_2 \cdot b_1 = o$ ist, was anzeigt, daß die Geraden parallel sind.

In der Parameterdarstellung hat jede Gerade zwei Gleichungen. Die erste habe die Gleichungen
$$x_1 = a_1 + b_1 \cdot t_1$$
$$y_1 = c_1 + d_1 \cdot t_1$$
und die zweite die Gleichungen
$$x_2 = a_2 + b_2 \cdot t_2$$
$$y_2 = c_2 + d_2 \cdot t_2.$$

Die Parameter der beiden Gleichungen müssen natürlich unabhängig voneinander sein und sind daher mit t_1 und t_2 bezeichnet. (x_1, y_1) sind die Koordinaten der Punkte der ersten, und (x_2, y_2) die der zweiten Geraden. Im Schnittpunkt der Geraden ist $x_1 = x_2$ und $y_1 = y_2$.

Aus den beiden Gleichungen
$$a_1 + b_1 \cdot t_1 = a_2 + b_2 \cdot t_2$$
$$c_1 + d_1 \cdot t_1 = c_2 + d_2 \cdot t_2$$
sind diejenigen Parameterwerte t_1 und t_2 zu berechnen, die auf den Geraden zum Schnittpunkt gehören. Der Leser überlege, wie sich hierbei die Parallelität der Geraden anzeigt

Winkel zwischen zwei Geraden

Sind $a_1 x + b_1 y = d_1$ und $a_2 x + b_2 y = d_2$ die Gleichungen von zwei Geraden, so sind ihre Normalvektoren $\mathfrak{N}_1 = a_1 i + b_1 \mathfrak{j}$ und $\mathfrak{N}_2 = a_2 i + b_2 \mathfrak{j}$.

Es ist $\mathfrak{N}_1 \mathfrak{N}_2 = a_1 a_2 + b_1 b_2 = |\mathfrak{N}_1| \cdot |\mathfrak{N}_2| \cdot \cos \varphi$, worin φ der Winkel zwischen den Normalvektoren und auch zwischen den Geraden ist.

Es ist also $\cos \varphi = \dfrac{a_1 a_2 + b_1 b_2}{\sqrt{a_1^2 + b_1^2} \cdot \sqrt{a_2^2 + b_2^2}}$, womit der Winkel gefunden ist.

Der Kreis

Ist r eine gegebene positive Zahl, so sind mit $\mathfrak{R}^2 = r^2$ alle Vektoren $\mathfrak{R}$ gekennzeichnet, deren Länge gleich r ist. Ihre Endpunkte P liegen auf einem Kreise, dessen Mittelpunkt der Nullpunkt O und dessen Radius r ist. Die Gleichung dieses Kreises ist also

$$\mathfrak{R}^2 = x^2 + y^2 = r^2,$$

wenn x, y die Koordinaten des Vektors $\mathfrak{R}$ und seines Endpunktes P sind.

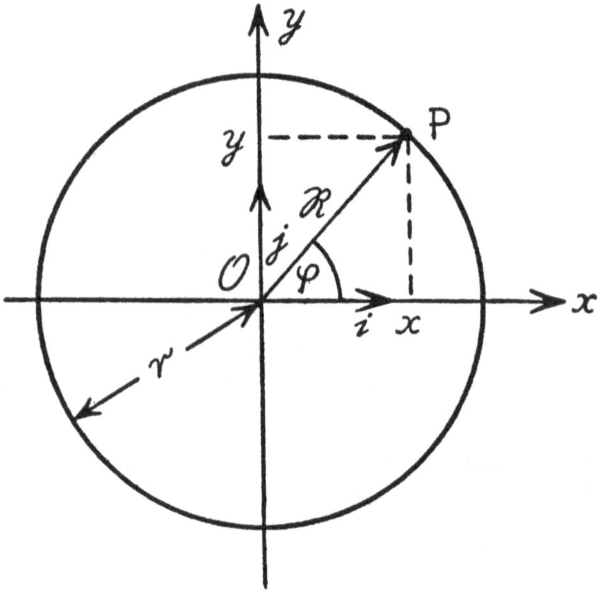

Abb. 22

Ist φ der Winkel zwischen dem Vektor $\mathfrak{R}$ und der x-Achse, so sind die Koordinaten des Kreispunktes P

$$x = r \cdot \cos \varphi$$
$$y = r \cdot \sin \varphi.$$

Läßt man φ von Null bis 360° wachsen, so geben diese „Parametergleichungen“ alle Punkte des Kreises (Abb. 22).

Die Gleichung der Tangente in einem Punkte x_1, y_1 des Kreises schreiben wir in der Form (II) der Gleichung einer Geraden. Der Radius $\mathfrak{R}$, der zum Punkte $(x_1\ y_1)$

führt, ist Normalvektor der Tangente. $\mathfrak{R}^\circ = \frac{\mathfrak{R}}{r}$ ist der Einheitsvektor. Seine Koordinaten sind $\frac{x_1}{r}$ und $\frac{y_1}{r}$. Sind x, y die Koordinaten der Tangentenpunkte, so ist $\frac{x \cdot x_1 + y \cdot y_1}{r} = r$, oder $x \cdot x_1 + y \cdot y_1 = r^2$ die Gleichung der Tangente im Punkte (x_1, y_1).

Koordinatentransformation durch Parallelverschiebung

Abb. 23 zeigt zwei Koordinatensysteme x, y und ξ, η, deren Achsen parallel sind und deren Nullpunkte um m in der x-Richtung und n in der y-Richtung gegen einander

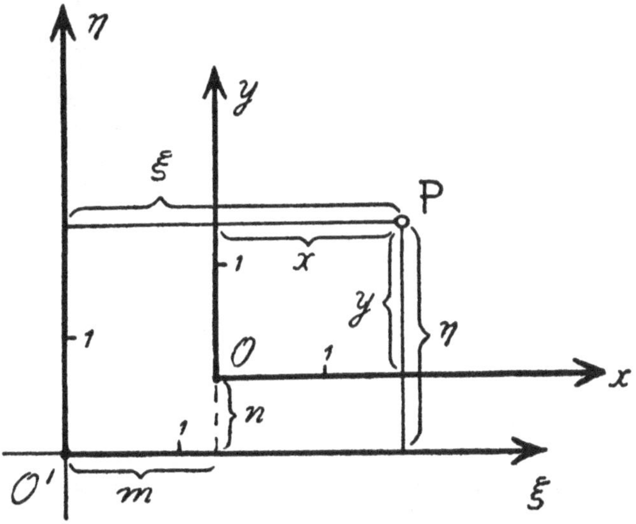

Abb. 23

verschoben sind. An der Abb. 23 liest man ab, daß zwischen den Koordinaten x, y und ξ, η folgende beiden Gleichungen bestehen:

$$x = \xi - m$$
$$y = \eta - n.$$

Darin sind m und n die Koordinaten des Nullpunktes 0 vom x, y-System im ξ, η-System. Sie sind in Abb. 23 positiv; können aber beliebige Werte haben, ohne daß die beiden letzten Gleichungen sich ändern. Ist nun im x, y-System ein Kreis durch die Gleichung $x^2 + y^2 = r^2$ gegeben, so hat dieser Kreis im ξ, η-System die Gleichungen $(\xi - m)^2 + (\eta - n)^2 = r^2$, oder auch $\xi^2 + \eta^2 - 2m\xi - 2n\eta = r^2 - m^2 - n^2$. Im ξ, η — System ist dies also die Gleichung eines Kreises, dessen Mittelpunkt die Koordinaten m und n hat.

Eine Gleichung $\xi^2 + \eta^2 + \alpha \cdot \xi + \beta \cdot \eta = \varrho^2$, in der α, β und ϱ gegebene Zahlen sind, stellt mithin im ξ, η-System einen Kreis dar. Durch Vergleich mit der vorletzten Gleichung stellt man fest, daß sein Mittelpunkt die Koordinaten $m = -\frac{\alpha}{2}$ und $n = -\frac{\beta}{2}$ hat, und daß sein Radius aus $r^2 = \varrho^2 + \frac{\alpha^2 + \beta^2}{4}$ zu berechnen ist.

Die Ellipse

Wir gehen von einem Kreise mit dem Radius a aus. Die Koordinaten seiner Punkte seien $\bar{x}$ und $\bar{y}$. Seine Gleichung ist also $\bar{x}^2 + \bar{y}^2 = a^2$. Aus diesem Kreise leiten wir nun dadurch eine neue Kurve ab, daß wir die Abstände $\bar{y}$ der Kreispunkte P von der x-Achse alle in dem gleichen Verhältnis verkleinern und so zu den Punkten Q einer neuen Kurve gelangen. Sind x und y die Koordinaten der Kurvenpunkte Q, so soll also werden: $x = \bar{x}$ und $y = \frac{b}{a} \cdot \bar{y}$. Dabei soll b/a ein positiver echter Bruch sein. Der Quotient b/a gibt das Verhältnis an, in dem alle $\bar{y}$ verkleinert werden (Abb. 24).

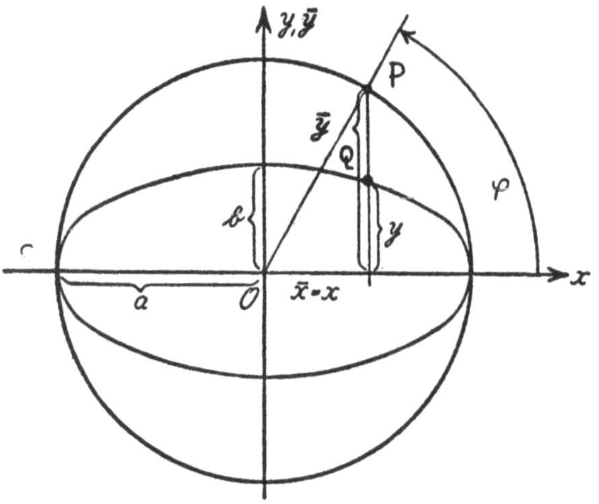

Abb. 24

Bezeichnen wir mit φ den Winkel zwischen der x-Achse und den zu den Kreispunkten gezogenen Radien, so ist $\bar{x} = a \cdot \cos \varphi$ und $\bar{y} = a \cdot \sin \varphi$. Daraus ergeben sich auch die Koordinaten der Punkte Q der neuen Kurve, nämlich

$$x = \bar{x} = a \cdot \cos \varphi$$

$$y = \frac{b}{a} \cdot \bar{y} = b \cdot \sin \varphi.$$

Die neue Kurve, die durch diese Gleichungen gekennzeichnet wird, heißt **Ellipse**. Da $\sin^2 \varphi + \cos^2 \varphi = 1$ ist, ergibt sich aus dieser Parameterdarstellung der Ellipse sofort ihre Gleichung in x- und y-Koordinaten: $\frac{x^2}{a^2} + \frac{y^2}{b^2} = 1$. Aus dieser Gleichung ersieht man, daß die x- und y-Achse Symmetrieachsen der Ellipse sind, denn positive und negative Werte von x und y ergeben ja die gleichen Quadrate. Löst man die Gleichung nach y auf, so erhält man

$$y = \pm \frac{b}{a} \cdot \sqrt{a^2 - x^2}.$$

Die Größen a und b werden als Halbachsen der Ellipse bezeichnet, und das doppelte als ihre Hauptachsen. Aus der Gleichung der Tangente im Punkte $\bar{x}_1, \bar{y}_1$ des Kreises vom Radius a, die $\bar{x} \cdot \bar{x}_1 + \bar{y} \cdot \bar{y}_1 = a^2$ lautet und in der $\bar{x}$ und $\bar{y}$ die Koordinaten der Punkte der Tangente bezeichnen, folgt die Tangentengleichung in einem Punkte x_1, y_1 der Ellipse, da die Gleichungen $\bar{x} = x$ und $\bar{y} = \frac{a}{b} \cdot y$ auch die Punkte der Kreistangente in die der Ellipsentangente übertragen. Durch Einsetzen in die Kreistangentengleichung erhält man in

$$\frac{x \cdot x_1}{a^2} + \frac{y \cdot y_1}{b^2} = 1$$

die **Gleichung der Tangente** im Punkte x_1, y_1 der Ellipse.

Die Hyperbel

Wir betrachten die Gleichung $\frac{x^2}{a^2} - \frac{y^2}{b^2} = 1$, in der a und b positive Zahlen sein sollen, und fragen nach dem Aussehen und den Eigenschaften der durch diese Gleichung dargestellten Kurve, die Hyperbel genannt wird. Wir sehen sofort, daß auch diese Kurve die x- und y-Achse zu Symmetrieachsen hat. Schreibt man die Gleichung

$$y = \pm \frac{b}{a} \cdot \sqrt{x^2 - a^2},$$

so sieht man, daß es nur Kurvenpunkte gibt, wenn $x \geq + a$ oder $x \leq - a$ ist. Für $x^2 = a^2$ ist $y = 0$, und für $x > + a$ sowie für $x < - a$ nimmt $|y|$ mit zunehmendem $|x|$

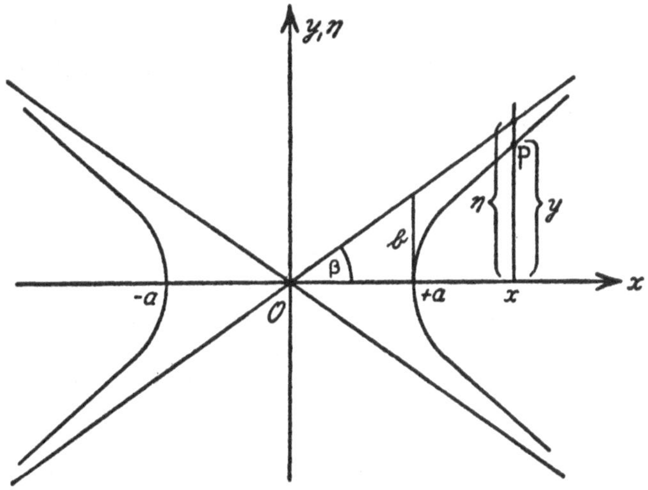

Abb. 25

immer größere Werte an. Abb. 25 zeigt eine Hyperbel mit ihren beiden sich nach rechts und links zu öffnenden „Ästen". Schreibt man die Hyperbelgleichung $y = \pm \frac{b}{a}\, x \sqrt{1 - \frac{a^2}{x^2}}$, so kann man daraus folgendes ableiten: Zieht man vom Nullpunkt 0 eine Gerade nach einem Hyperbelpunkte P und bezeichnet mit α den Steigungswinkel dieser Geraden, so ist $\operatorname{tg} \alpha = \frac{y}{x} = \frac{b}{a} \sqrt{1 - \frac{a^2}{x^2}}$. Bei Hyperbelpunkten, die weit ab vom Nullpunkt liegen, ist x^2 groß und $\frac{a^2}{x^2}$ klein. Es wird sich dann $|\operatorname{tg} \alpha|$ nur wenig von $\frac{b}{a}$ unterscheiden. Zieht man nun vom Nullpunkte aus zwei Geraden mit den Steigungswinkeln $+ \beta$ und $- \beta$, die durch $\operatorname{tg} \beta = \frac{b}{a}$ bestimmt sein sollen, so werden sich die Richtungen von Geraden, die vom Nullpunkte aus nach Hyperbelpunkten gezogen sind, beliebig wenig von den durch $\pm \beta$ bestimmten Richtungen unterscheiden, sofern x^2 hinreichend groß wird, d. h. sofern die Hyperbelpunkte hinreichend weit vom Nullpunkt entfernt sind. Man bezeichnet diese beiden Geraden mit den Steigungswinkeln $\pm\beta$ als die Asymptoten der Hyperbel.

Werden die y-Koordinaten der Punkte auf den Asymptoten mit η bezeichnet (zum Unterschied von der Hyperbelkoordinate), so sind $\eta = \frac{b}{a}\,x$ und $\eta = -\frac{b}{a}\,x$ die Gleichungen der beiden Asymptoten. Die Differenz $\eta - y$ ist der Abstand zwischen Punkten der Hyperbel und Punkten der Asymptoten, die zu demselben Wert von x gehören. Es ist

$$|\eta - y| = \left(1 - \sqrt{1 - \frac{a^2}{x^2}}\right)\frac{b}{a}\,|x|\,.$$

Auch diese Differenz wird beliebig klein, wenn x^2 hinreichend groß wird.

Der Leser überlege sich selbst, daß $\frac{y^2}{b^2} - \frac{x^2}{a^2} = 1$ auch die Gleichung einer Hyperbel ist. Die beiden Äste dieser Hyperbel öffnen sich nach der positiven und negativen Richtung der y-Achse.

Ist bei einer Hyperbel $a = b$, so wird sie als eine gleichseitige Hyperbel bezeichnet.

Drehung des Koordinatensystems

Es seien wieder $\mathfrak{i}$ und $\mathfrak{j}$ die Grundvektoren, und x, y die Koordinaten eines Koordinatensystems. Ein neues Koordinatensystem habe denselben Nullpunkt, aber Grundvektoren $\mathfrak{i}'$, $\mathfrak{j}'$, die gegen die „alten" $\mathfrak{i}$, $\mathfrak{j}$ um einen Winkel φ verdreht sind. Die zugehörigen Koordinaten sollen x', y' heißen. Es soll

$$\mathfrak{i}^2 = \mathfrak{j}^2 = \mathfrak{i}'^2 = \mathfrak{j}'^2 = 1$$
$$\text{und } \mathfrak{i}\,\mathfrak{j} = \mathfrak{i}'\,\mathfrak{j}' = 0$$

sein. Der Winkel φ zwischen $\mathfrak{i}$ und $\mathfrak{i}'$ soll spitz sein. Ferner soll $\mathfrak{j}'$ aus $\mathfrak{i}$ durch Drehung im „positiven Drehungssinn" hervorgehen. Als positiver Drehungssinn ist in der Mathematik allgemein die Drehung entgegengesetzt derjenigen festgesetzt, die uns die Zeiger einer Uhr beim Blick auf das Zifferblatt zeigen (Abb. 26).

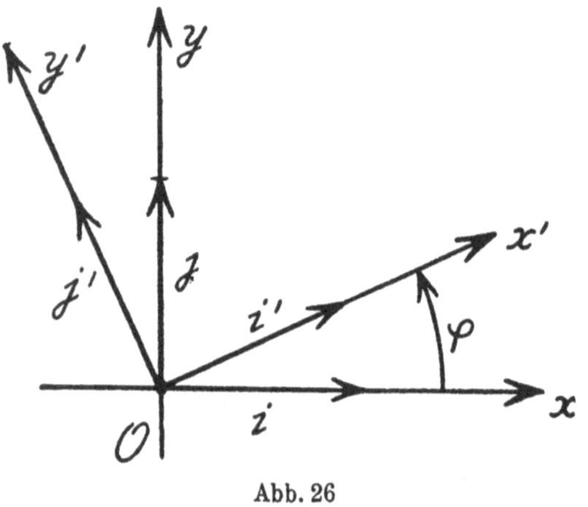

Abb. 26

Die Koordinaten von $\mathfrak{i}'$ im alten System sind dann $\cos\varphi$ und $\sin\varphi$, und die von $\mathfrak{j}'$ sind $\cos(\varphi^\circ + 90^\circ) = -\sin\varphi$ und $\sin(\varphi^\circ + 90^\circ) = \cos\varphi$.

Es ist also

$$\mathfrak{i}' = \mathfrak{i}\cos\varphi + \mathfrak{j}\sin\varphi$$
$$\mathfrak{j}' = -\mathfrak{i}\sin\varphi + \mathfrak{j}\cos\varphi,$$

und die Innenprodukte der Grundvektoren sind

$$\mathfrak{i}\,\mathfrak{i}' = \cos\varphi;\quad \mathfrak{i}'\,\mathfrak{j} = \sin\varphi;\quad \mathfrak{i}\,\mathfrak{j}' = -\sin\varphi;\quad \mathfrak{j}\,\mathfrak{j}' = \cos\varphi.$$

Ein Vektor $\mathfrak{P}$ hat im alten System die Koordinaten x, y und im neuen die Koordinaten x', y'. Es ist also $\mathfrak{P} = x\,\mathfrak{i} + y\,\mathfrak{j} = x'\,\mathfrak{i}' + y'\,\mathfrak{j}'$.

Hieraus ergibt sich der Zusammenhang zwischen den alten und neuen Koordinaten:

$$\mathfrak{P}\,\mathfrak{i} = x = x' \cdot \cos\varphi - y' \cdot \sin\varphi$$
$$\mathfrak{P}\,\mathfrak{j} = y = x' \cdot \sin\varphi + y' \cdot \cos\varphi \qquad \text{(Vgl. Seite 16)}$$
$$\mathfrak{P}\,\mathfrak{i}' = x' = x \cdot \cos\varphi + y \cdot \sin\varphi$$
$$\mathfrak{P}\,\mathfrak{j}' = y' = -\,x \cdot \sin\varphi + y \cdot \cos\varphi .$$

Wir wenden diese „Transformationsgleichungen“ für die Drehung des Koordinatensystems auf die gleichseitige Hyperbel an. Deren Gleichung ist $y^2 - x^2 = a^2$.

Ihre Asymptoten haben die Steigungswinkel $+\,45°$ und $-\,45°$; stehen demnach aufeinander senkrecht. Es liegt daher nahe, sie zu Achsen eines neuen $x'\,y'$-Koordinatensystems zu machen. Das tun wir. Der Winkel φ in den Transformationsgleichungen ist jetzt 45°, und $\sin\varphi = \cos\varphi = \sqrt{1/2}$. Diese Gleichungen sind jetzt also

$$x = (x' - y') \cdot \sqrt{1/2}$$
$$y = (x' + y') \cdot \sqrt{1/2}.$$

Setzt man dies in die Hyperbelgleichung ein, so entsteht die neue Gleichung

$$\frac{1}{2}\left\{(x' + y')^2 - (x' - y')^2\right\} = a^2, \text{ oder } x' \cdot y' = \frac{a^2}{2}.$$

Dies ist die Gleichung einer gleichseitigen Hyperbel, wenn ihre Asymptoten die Koordinatenachsen sind.

Die Gleichung $x^2 - y^2 = a^2$ stellt auch eine gleichseitige Hyperbel dar, deren Gleichung im neuen System $x' \cdot y' = -\dfrac{a^2}{2}$ ist.

Im neuen System liegt die erste Hyperbel so, daß die Koordinaten ihrer Punkte beide positiv oder beide negativ sind; also im „ersten“ und „dritten Quadranten“ des x', y'-Systems. Die zweite Hyperbel liegt im zweiten und vierten Quadranten.

Allgemein stellt eine Gleichung $x \cdot y = C$ für positive oder negative Werte der gegebenen Zahl C eine gleichseitige Hyperbel dar.

Die Parabel

Als Parabel wird die durch die Gleichung $y = C \cdot x^2$ dargestellte Kurve bezeichnet, wobei C eine beliebige Zahl ist, welche die Form der Parabel bestimmt. In einem x', y'-Koordinatensystem, das um m und n gegen das x, y-System verschoben ist (vgl. Seite 21), so daß

$$x = x' - m \text{ und } y = y' - n$$

wird, lautet die Gleichung der Parabel $y' = n + C\,m^2 + C\,x'^2 - 2\,C\,m\,n\,x'$.

Eine Gleichung der Form $y = \alpha + \beta \cdot x + \gamma \cdot x^2$, in der $\alpha, \beta, \gamma \neq 0$ beliebige Zahlen sind, stellt eine Parabel dar, deren Symmetrieachse der y-Achse parallel ist.

5. Analytische Geometrie im Raum

Gleichung der Ebene

Ist $\mathfrak{N} = a\,\mathfrak{i} + b\,\mathfrak{j} + c\,\mathfrak{k}$ ein gegebener Vektor mit den Koordinaten a, b, c, und d eine beliebige Zahl, ferner $\mathfrak{P} = x\,\mathfrak{i} + y\,\mathfrak{j} + z\,\mathfrak{k}$ ein veränderlicher Vektor, so stellt die Vektorgleichung $\mathfrak{N}\,\mathfrak{P} = d$ eine Ebene im Raum dar. Fällt man nämlich vom Endpunkt P des Vektors $\mathfrak{P}$ ein Lot PP' auf den Vektor $\mathfrak{N}$, und führt einen Vektor $\mathfrak{P}'$

zum Fußpunkt P' dieses Lotes, so ist $\mathfrak{N}\mathfrak{P}' = \mathfrak{N}\mathfrak{P}$ (Abb. 27). Es muß also bei allen Vektoren $\mathfrak{P}$, die der Vektorgleichung $\mathfrak{N}\mathfrak{P} = d$ genügen, der Vektor $\mathfrak{P}'$ derselbe bleiben. Die Spitzen der Vektoren $\mathfrak{P}$ müssen demnach auf einer Ebene e liegen, die senkrecht zum Vektor $\mathfrak{N}$ ist, und die durch den Endpunkt des Vektors $\mathfrak{P}'$ geht. Dabei ist der Betrag des Vektors $|\mathfrak{P}'|$ dadurch gegeben, daß $\mathfrak{N}\mathfrak{P}' = d$ sein muß.

In der Ebene e liegen dann alle Lote, die von den Endpunkten der Vektoren $\mathfrak{P}$ auf den Vektor $\mathfrak{N}$ gefällt werden. Der Vektor $\mathfrak{P}'$ hat die gleiche Richtung, wie der Vektor $\mathfrak{N}$, wenn $d > 0$ ist, und die entgegengesetzte, wenn $d < 0$ ist. Ist $d = 0$, so geht die Ebene e durch den Nullpunkt. Der Vektor $\mathfrak{N}$ heißt der Normalvektor der Ebene e.

Ist im besonderen $\mathfrak{N}$ ein Einheitsvektor, was $\mathfrak{N}^\circ$ geschrieben wird, so gibt d den Abstand der Ebene vom Nullpunkt an. Ist $\mathfrak{N}$ kein Einheitsvektor, so kann man durch $\mathfrak{N}^\circ = \frac{\mathfrak{N}}{\sqrt{\mathfrak{N}^2}}$ einen gleichgerichteten Einheitsvektor einführen. Aus der Gleichung $\mathfrak{P}\mathfrak{N} = d$ wird dadurch $\mathfrak{P}\mathfrak{N}^\circ = \frac{d}{\sqrt{\mathfrak{N}^2}}$, so daß $\frac{d}{\sqrt{\mathfrak{N}^2}}$ im allgemeinen Fall den Abstand der Ebene vom Nullpunkt angibt.

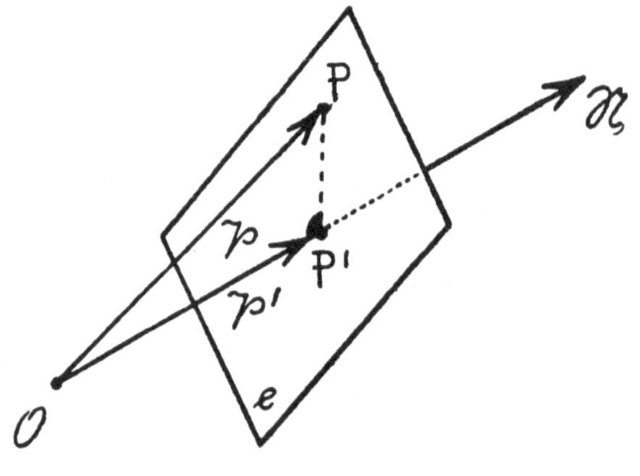

Abb. 27

In Koordinaten lautet die Gleichung einer Ebene $\mathfrak{N}\mathfrak{P} = ax + by + cz = d$, und mit $\frac{d}{\sqrt{a^2 + b^2 + c^2}}$ erhält man ihren Abstand vom Nullpunkt.

Das Stück u, das die Ebene auf der x-Achse abschneidet, hat denjenigen Punkt der Ebene zum Endpunkt, dessen Koordinaten $x = u$, $y = z = 0$ sind. Es ist also $u = \frac{d}{a}$. Analog erhält man die Abschnitte auf der y-Achse mit $v = \frac{d}{b}$ und auf der z-Achse mit $w = \frac{d}{c}$.

Will man diese Achsenabschnitte hervortreten lassen, was oft die Vorstellung der Ebene erleichtert, so schreibt man die Gleichung der Ebene in der Form

$$\frac{x}{u} + \frac{y}{v} + \frac{z}{w} = 1. \quad \text{(Abb. 28.)}$$

Sonderfälle:

Geht die Ebene durch den Nullpunkt, so ist $d = 0$ und $a\,x + b\,y + c\,z = 0$ ihre Gleichung. Entsprechend der Vektorgleichung $\mathfrak{N}\mathfrak{P} = 0$. In diesem Fall kennzeichnet der Normalvektor $\mathfrak{N} = a\,\mathfrak{i} + b\,\mathfrak{j} + c\,\mathfrak{k}$ die Lage der Ebene.

Steht eine Ebene senkrecht auf der x, y-Ebene, so liegt darin ihr Normalvektor $\mathfrak{N}$, und es ist $c = 0$. Folglich ist die Gleichung dieser Ebene $a\,x + b\,y = d$. Eine Ebene $b\,y + c\,z = d$ steht auf der y, z-Ebene, und eine Ebene $a\,x + c\,z = d$ auf der x, z-Ebene senkrecht.

Eine Ebene $z = d$ ist der x, y-Ebene parallel, $x = d$ der y, z-Ebene, und $y = d$ der x, z-Ebene.

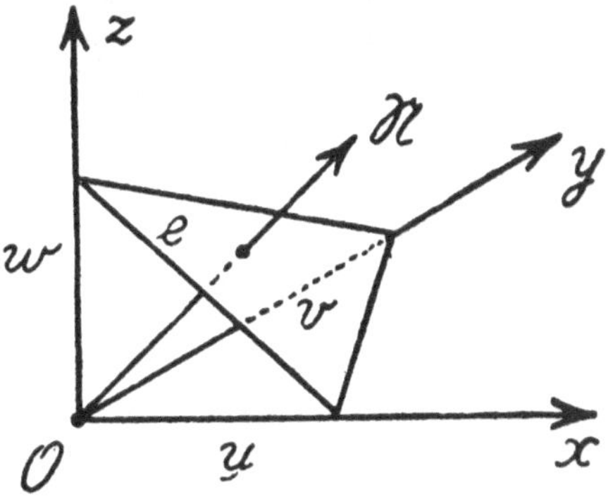

Abb. 28

Der Winkel α zwischen zwei Ebenen ist gleich dem Winkel zwischen ihren Normalvektoren $\mathfrak{N}_1$ und $\mathfrak{N}_2$, also zu berechnen aus

$$\cos\alpha = \frac{a_1 a_2 + b_1 b_2 + c_1 c_2}{\sqrt{a_1^2 + b_1^2 + c_1^2} \cdot \sqrt{a_2^2 + b_2^2 + c_2^2}}$$

Gleichungen der Geraden im Raum

Aus der Vektorgleichung (vgl. Seite 9) $\mathfrak{P} = \mathfrak{A} + \mathfrak{R} \cdot t$, in der $\mathfrak{A} = a_x\mathfrak{i} + a_y\mathfrak{j} + a_z\mathfrak{k}$ und $\mathfrak{R} = r_x\mathfrak{i} + r_y\mathfrak{j} + r_z\mathfrak{k}$ gegebene Vektoren, und $\mathfrak{P} = x\,\mathfrak{i} + y\,\mathfrak{j} + z\,\mathfrak{k}$ ein veränderlicher Vektor ist, folgen im Raum drei „Paramatergleichungen" für die vom Endpunkte P des Vektors $\mathfrak{P}$ bei veränderlichem Parameter t beschriebene Gerade.

$$x = a_x + t \cdot r_x$$
$$y = a_y + t \cdot r_y$$
$$z = a_z + t \cdot r_z.$$

Man kann eine Gerade im Raum auch als Schnitt zweier Ebenen darstellen. Die beiden Gleichungen

$$a_1\,x + b_1\,y = d_1$$
$$a_2\,x + c_2\,z = d_2$$

stellen so eine Gerade dar, deren „Grundriß" in der x, y-Ebene durch die erste dieser Gleichungen und deren „Aufriß" durch die zweite angegeben wird.

Im allgemeinen empfiehlt sich die Parameterdarstellung einer Geraden durch drei Gleichungen, da der Vektor $\mathfrak{R}$ ihre Richtung sogleich erkennbar macht.

Übungsaufgabe:

Es sind zwei Gerade gegeben

$$\begin{aligned} x_1 &= a_{11} + t_1 \cdot r_{11} \\ y_1 &= a_{12} + t_1 \cdot r_{12} \\ z_1 &= a_{13} + t_1 \cdot r_{13} \end{aligned} \qquad \text{und} \qquad \begin{aligned} x_2 &= a_{21} + t_2 \cdot r_{21} \\ y_2 &= a_{22} + t_2 \cdot r_{22} \\ z_2 &= a_{23} + t_2 \cdot r_{23} . \end{aligned}$$

Durch geeignete Wahl der Parameter t_1 und t_2 ist auf den Geraden je ein Punkt P_1 und P_2 so zu bestimmen, daß die Gerade $P_1\, P_2$ auf beiden Geraden senkrecht steht. Die Strecke $P_1\, P_2$ ist dann die kürzeste Verbindungslinie, die zwischen irgend zwei Punkten der beiden Geraden möglich ist.

In Vektoren geschrieben lauten die Gleichungen der beiden Geraden: $\mathfrak{P}_1 = \mathfrak{A}_1 + t_1 \mathfrak{R}_1$ und $\mathfrak{P}_2 = \mathfrak{A}_2 + t_2 \mathfrak{R}_2$. Die Lösung der Aufgabe besteht darin, t_1 und t_2 aus den beiden Gleichungen $(\mathfrak{P}_1 - \mathfrak{P}_2)\, \mathfrak{R}_1 = 0$ und $(\mathfrak{P}_1 - \mathfrak{P}_2)\, \mathfrak{R}_2 = 0$ zu berechnen. Die Schreibweise der gegebenen Koeffizienten mit „Doppelindizes" ist der Buchstabenersparnis wegen gewählt. Der erste Index gibt die Nummer der Geraden an und der zweite die Koordinate, zu der die Gleichung gehört. Der Leser untersuche auch die Spezialfälle, wenn die Geraden sich schneiden oder parallel sind.

III. Integral- und Differentialrechnung

1. Begriff der Funktion

Auf den Achsen eines Koordinatensystems kann man Zahlen x und y anschaulich durch Punkte oder Teilstriche darstellen. Man sagt nun, y ist eine Funktion von x, wenn eine Vorschrift festgelegt ist, die den einzelnen Zahlen x bestimmte Zahlen y zuordnet. Dies kann dadurch geschehen, daß eine Gleichung gegeben ist, auf deren linker Seite y steht, und auf der rechten Seite ein Ausdruck, d. h. eine „Formel", die x enthält, so daß man für die Zahlen x die zugeordneten Zahlen y ausrechnen kann. Beispiele: $y = p \cdot x + q$; $y = C \cdot x^2$; $y = \frac{r}{x}$. Darin bedeuten die Buchstaben p, q, C, r gegebene, unveränderliche Zahlen, die als „Konstante" der betreffenden Funktion bezeichnet werden. Ist eine Funktion derart durch eine Gleichung zwischen x und y gegeben, und rechnet man für einzelne Werte $x_0, x_1, x_2, \ldots$ die zugeordneten Werte $y_0, y_1, y_2, \ldots$ aus, so kann man die zusammengehörigen Zahlpaare (x_0, y_0), (x_1, y_1), $x_2, y_2)$, $\ldots$ durch Punkte im Koordinatensystem darstellen.

Man nennt x die Abszissen und y die Ordinaten der Punkte. Faßt man x als eine veränderliche Zahl auf, so bedeutet dies, daß man sich den Teilstrich x auf der x-Achse beweglich denkt. Etwa so, daß er sich von links nach rechts bewegt. Dann nimmt die Zahl x fortlaufend wachsende Werte an. Denkt man sich weiter zu jedem x das zugehörige y laufend ausgerechnet und in das Koordinatensystem eingezeichnet, so erhält man eine Kurve, die von dem Punkte mit den Koordinaten x, y durchlaufen wird. Diese Kurve ist das geometrische Bild der Funktion. In den drei Beispielen ist das eine Gerade, eine Parabel und eine Hyperbel.

Bezeichnungen: Man bezeichnet x als die unabhängige und y als die abhängige Variable oder Veränderliche der Funktion, womit daran erinnert wird, daß y durch x bestimmt wird. Für die Funktion schreibt man $y = f(x)$ oder auch $y = y(x)$, wobei $f(x)$ oder $y(x)$ abgekürzt und symbolisch die Formel bezeichnet, mittels der y aus x

auszurechnen ist; oder ganz allgemein das Gesetz, durch das die Werte der abhängigen Variablen y denen der unabhängigen Variablen x zugeordnet werden. Natürlich werden für die Variablen einer Funktion auch andere Buchstaben als x und y gebraucht. Auch für das Funktionssymbol $f(x)$ werden andere Buchstaben, etwa $g(x)$; $\varphi(x)$; benutzt. Man muß darauf achten, durch welche Buchstaben jeweilig die Variablen und die Konstanten einer Funktion ausgedrückt werden. Es ist nicht gesagt, daß eine Funktion verschiedenen Werten x auch immer verschiedene Werte y zuordnet. Mit $y = C$ (worin C eine Konstante bedeutet) ist eine Funktion gegeben, die allen Werten x denselben Wert C zuordnet. Ihr Bild ist eine Parallele zur x-Achse im Abstand C. Ferner braucht eine Funktion nicht allen Werten x Werte von y zuzuordnen. Dies ist z. B. nicht der Fall bei der Funktion $y = +\sqrt{a^2 - x^2}$, die nur solchen Werten x Werte y zuordnet, bei denen $x^2 \leqq a^2$ ist.

Als „stetig an einer Stelle x_1" bezeichnet man eine Funktion, wenn sie allen Werten x, die hinreichend wenig von x_1 verschieden sind, Funktionswerte $f(x)$ zuordnet, die beliebig wenig von dem Funktionswert $f(x_1)$ verschieden sind. Die vorher als Beispiele angeführten Funktionen sind überall stetig (d. h. an allen Stellen), mit einer Ausnahme: Die Funktion $y = \frac{r}{x}$ ist nicht stetig, wenn man darin $x_1 = 0$ setzen wollte. Dann überstiege y jede noch so groß gedachte Zahl. Für alle x, die nicht Null sind, ist dagegen $f(x) = \frac{r}{x}$ eine endliche Zahl. Wie nahe man nun auch x neben x_1 wählen mag, immer ist der Unterschied zwischen $f(x_1)$ und $f(x)$ größer als jede denkbare Zahl. Die Funktion $y = \frac{r}{x}$ ist also bei $x_1 = 0$ nicht stetig. In diesem Buch werden wir es nur mit stetigen Funktionen zu tun haben.

2. Das bestimmte Integral

In Abb. 29 stellt die gezeichnete Kurve eine Funktion $y = f(x)$ dar. Wir stellen uns die Aufgabe, den Flächeninhalt, der zwischen der Kurve und der x-Achse und

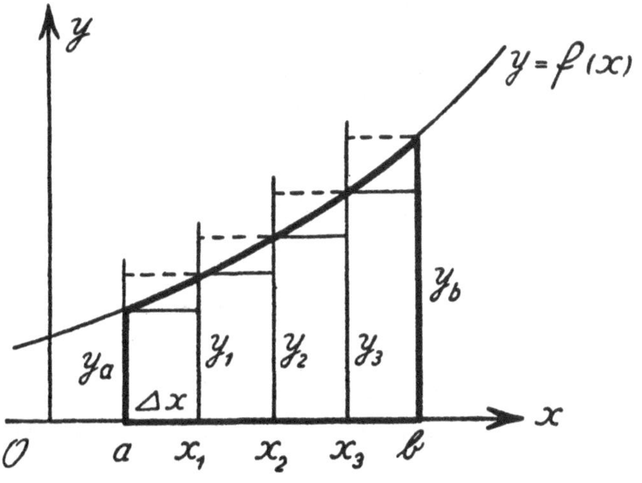

Abb. 29

zwischen den bei $x = a$ und $x = b$ gezeichneten Parallelen zur y-Achse liegt, anzugeben. Offenbar ist dieser Flächeninhalt durch eine ganz bestimmte Zahl I ausdrückbar; etwa durch seine Angabe in qmm. Zur Berechnung dieser Zahl I steht uns nur die Funktion $f(x)$ und die dadurch gegebene Zuordnung von x und y zur Verfügung.

Wir lösen zunächst eine einfachere Aufgabe gleicher Art. Bei dieser soll die Funktion $y = p$ sein, worin p eine Konstante ist. Das Bild dieser Funktion (Abb. 30) ist eine Parallele zur x-Achse. Hier kann der gesuchte Flächeninhalt mit $p \cdot (b - a)$ als Inhalt des Rechtecks sofort angegeben werden. Auf diese spezielle Aufgabe führen wir die zuerst gestellte, allgemeine Aufgabe folgendermaßen zurück:

Wir teilen das Stück von a bis b der x-Achse in vier gleiche Teile. Die Teilpunkte sind x_1, x_2, x_3, und die zugehörigen Funktionswerte $y_1 = f(x_1)$, $y_2 = f(x_2)$, $y_3 = f(x_3)$. In der Abb. 29 sind diese Ordinaten dargestellt. Mit y_a und y_b sind die Funktionswerte

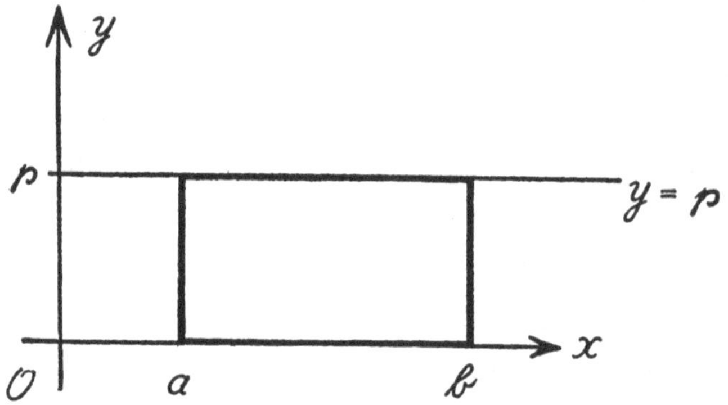

Abb. 30

bei $x = a$ und $x = b$ bezeichnet. Also $y_a = f(a)$ und $y_b = f(b)$. Durch die oberen, auf der Kurve liegenden Endpunkte der Ordinaten y_a, y_1, y_2, y_3 ziehen wir Parallele zur x-Achse bis zur nächsten Ordinate. Sie sind in der Abb. 29 ausgezogen. Dadurch entsteht eine Fläche, die oben durch einen aus abwechselnd wagerechten und senkrechten Geradenstücken bestehenden „treppenförmigen" Linienzug, unten durch die x-Achse und rechts durch die Ordinate y_b, links durch die Ordinate y_a begrenzt ist. Der Inhalt F_1 dieser Fläche ist leicht anzugeben, da sie aus Rechtecken besteht. Bezeichnen wir die Differenzen $x_1 - a$; $x_2 - x_1$; $x_3 - x_2$; $b - x_3$, die alle den gleichen Zahlwert haben, mit Δx, so ist $F_1 = y_a \cdot \Delta x + y_1 \cdot \Delta x + y_2 \cdot \Delta x + y_3 \cdot \Delta x$[1]). Dieser Flächeninhalt ist, wie die Abb. 29 zeigt, kleiner als der gesuchte I unter der Kurve. Es ist also $F_1 < I$.

Ziehen wir jetzt Parallele zur x-Achse durch die oberen Endpunkte der Ordinaten y_b, y_3, y_2, y_1 nach links, so erhalten wir die gestrichelt gezeichnete Treppenkurve oberhalb der $y = f(x)$ darstellenden Kurve. Der Flächeninhalt unter dieser zweiten Treppenkurve ist $F_2 > I$. Wir haben jetzt zwar I nicht berechnet, aber zwei Grenzen F_1 und F_2 gefunden, zwischen denen I liegt. Diese Grenzen können wir nun dadurch

[1]) Δ x bedeutet nicht etwa ein Produkt Delta mal x, sondern eine Zahl, die Delta-x genannt wird und die gleich x_2—x_1 usw. ist.

enger zusammenrücken lassen, daß wir die Strecke von a bis b nicht in vier sondern in acht Teile einteilen. Die Teilpunkte werden dann $x_1, x_2, x_3 \ldots\ldots x_7$, und die mit Δx bezeichneten Differenzen $x_2 - x_1 = x_3 - x_2 = \ldots$ werden halb so groß wie bei der ersten Teilung. Denkt man sich diese neue Teilung in die Abb. 29 unter Abänderung der Bezeichnungen eingezeichnet (was der Leser selbst tun möge), so leuchtet ein, daß der Unterschied zwischen den sich bei der neuen Teilung ergebenden Flächen F_1 und F_2 kleiner wird als bei der ersten Teilung. Es bleibt aber $F_1 < I < F_2$. Dadurch, daß man die Einteilung zwischen a und b immer weiter verfeinert, kann man den Unterschied zwischen F_1 und F_2 beliebig klein machen. Da I zwischen F_1 und F_2 liegt, kann man also I durch eine hinreichend weit getriebene Unterteilung mit jeder beliebigen Genauigkeit berechnen. Wird I als Dezimalbruch geschrieben und wollte man diesen so genau berechnen, daß etwa seine achte Dezimalstelle noch fehlerfrei angegeben werden kann, so hätte man die Unterteilung so eng zu wählen, daß F_1 und F_2 in der achten (und natürlich allen vorhergehenden) Dezimalstelle übereinstimmen.

Man drückt diesen Sachverhalt so aus: Der Flächeninhalt I ist der **Grenzwert**, dem die Flächeninhalte F_1 und F_2 bei fortgesetzter Verfeinerung der Einteilung zwischen a und b zustreben. D. h. I selbst ist eine begrifflich genaue und fehlerfreie Zahl, von der sich die errechneten Zahlen F_1 und F_2 beliebig wenig unterscheiden, sofern nur die Einteilung hinreichend verfeinert wird, indem man Δx hinreichend klein macht.

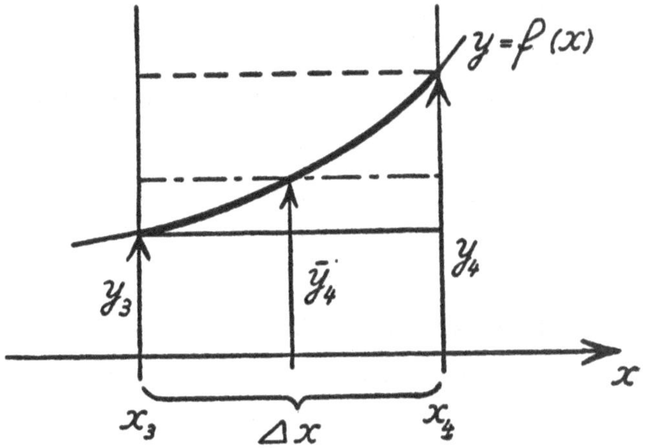

Abb. 31

Wir geben der Sache — nur einer bequemeren Schreibweise wegen — noch eine etwas andere Wendung. Abb. 31 zeigt, in größerem Maßstab, den Abschnitt zwischen den Teilpunkten x_3 und x_4 (oder zwischen irgend zwei anderen). Dann ist $y_3 \cdot \Delta x$ der Anteil dieses Abschnittes an F_1, und $y_4 \cdot \Delta x$ sein Anteil an F_2. Die Fläche unter dem Kurvenbogen ist der Anteil an I. Schreiben wir $\Delta F_1 = y_3 \cdot \Delta x$ und $\Delta F_2 = y_4 \cdot \Delta x$, sowie ΔI für den Anteil von I, so ist $\Delta F_1 < \Delta I < \Delta F_2$. Jetzt wird der Funktionswert an irgendeiner Stelle x zwischen x_3 und x_4 eingeführt, den wir mit $\overline{y}_4$ bezeichnen. Dann ist $\Delta F_1 < \overline{y}_4 \cdot \Delta x < \Delta F_2$.

Da ΔI zwischen ΔF_1 und ΔF_2 liegt und sich ΔF_1 und ΔF_2 bei hinreichend kleinem Δx beliebig wenig unterscheiden, ist auch der Unterschied zwischen ΔI und $\overline{y}_4 \cdot \Delta x$ beliebig klein.

Teilen wir nun die Strecke a bis b (man sagt auch das Intervall a bis b) in n gleiche Teile $\Delta x = \dfrac{b-a}{n}$ und bezeichnen wir mit $\overline{y}_1, \overline{y}_2, \cdots \overline{y}_n$ Funktionswerte innerhalb der Teile Δx, so ist die Summe $S = \overline{y}_1 \Delta x + \overline{y}_2 \Delta v \ldots + \overline{y}_n \Delta x$, die man auch

$\sum_{i=1}^{n} \bar{y}_i \, \Delta x$ schreibt, eine Zahl, die dem Wert I beliebig nahe kommt, sofern man n hinreichend groß nimmt. Man sagt, I ist der Grenzwert dieser Summe bei unbegrenzt wachsenden n.

Die ganze Überlegung faßt man in einem Wort und einem Symbol zusammen, indem man schreibt

$$I = \int_a^b y \, d\,x \quad \text{oder auch } I = \int_a^b f\,(x)\, d\,x$$

und sagt: Die Zahl I ist das bestimmte Integral der Funktion $y = f(x)$ zwischen den Grenzen a und b.

Das Zeichen $\int$ ist ein stilisiertes S und deutet an, daß ein Integral der Grenzwert einer Summe ist. Die „Grenzen des bestimmten Integrals" a und b geben das Intervall an, in dem die Summe gebildet wird, und $y \cdot dx$ deutet an, daß die Produkte $y \cdot \Delta x$ summiert werden, wobei mit immer kleiner werdendem Δx diese Summe dem Grenzwert I zustrebt. Die Einführung des Symbols dx an Stelle von Δx soll das unbegrenzte Kleinerwerden von Δx andeuten.

Warum man „bestimmtes" Integral sagt, wird später erkennbar werden. In der Vorlesung über Integralrechnung wird die hier gegebene Darstellung noch erweitert werden.

Wir haben hier aber bereits den Begriff des Integrals gewonnen und auch ein Rechenverfahren, um den Integralwert durch die Summe $\sum_{i=1}^{n} y_i \cdot \Delta x$ beliebig genau zu berechnen. Aber diese Rechnung ist mühevoll. Im nächsten Abschnitt soll gezeigt werden, wie sie sich in vielen Fällen umgehen läßt.

3. Die Integralfunktion und der Differentialquotient

Eine Funktion $y = f(x)$ ist gegeben und in Abb. 32 (oben) als Kurve dargestellt. Ist bei dem Integral $\int_a^x y \, dx$ die obere Grenze x eine bestimmte Zahl, so hat dies Integral einen bestimmten Zahlwert. Nun stellen wir uns diese obere Grenze x des Integrals veränderlich vor. Sie soll, von $x = a$ beginnend, ständig wachsen. Wir stellen das zeichnerisch so dar, daß wir uns die im Teilstrich x der x-Achse errichtete Ordinate als „Wanderordinate" (W.O.) beweglich vorstellen. Sie beginnt ihre Wanderung bei $x = a$ und wandert mit wachsendem x nach rechts, wie es durch die Pfeile in der Abbildung angedeutet wird. Das Integral $\int_a^x y \, dx$ wird durch den Flächeninhalt links von der W.O. dargestellt. Der Integralwert ist jetzt eine mit x veränderliche Zahl; also eine Funktion von x. Wir bezeichnen sie als **Integralfunktion** $\eta = \eta(x)$ und stellen sie durch eine Kurve in dem (unteren) x, η-Koordinatensystem dar.

Wir wollen jetzt den Zusammenhang zwischen den beiden Funktionen und Kurven

$$y = f(x) \text{ und } \eta = \eta(x) = \int_a^x y \, dx$$

untersuchen. Man sieht sofort, daß $\eta(a) = 0$ ist. Denn wenn die W.O. in ihrer durch $x = a$ gegebenen Ausgangsstellung steht, ist der durch η angegebene Flächeninhalt links von ihr Null. Die Summierung der Produkte $y\,dx$ hat noch nicht begonnen.

Rückt die W.O. vor, so wird der Flächeninhalt links von ihr durch $\eta = \int_a^x y\ dx$ angegeben. Also könnte man $\eta(x)$ für jedes x dadurch finden, daß man die Fläche links von der W.O. berechnet. Dies kann mit beliebiger Genauigkeit durch Summierung der Produkte $y\ \Delta\ x$ von a bis x geschehen.

Angenommen, die W.O. sei bis zur Stelle x vorgerückt. Dann ist der Verlauf der η-Kurve bis x bekannt; d. h. bis zum Punkte P_1 in der Abb. 32. Nun lassen wir die W.O.

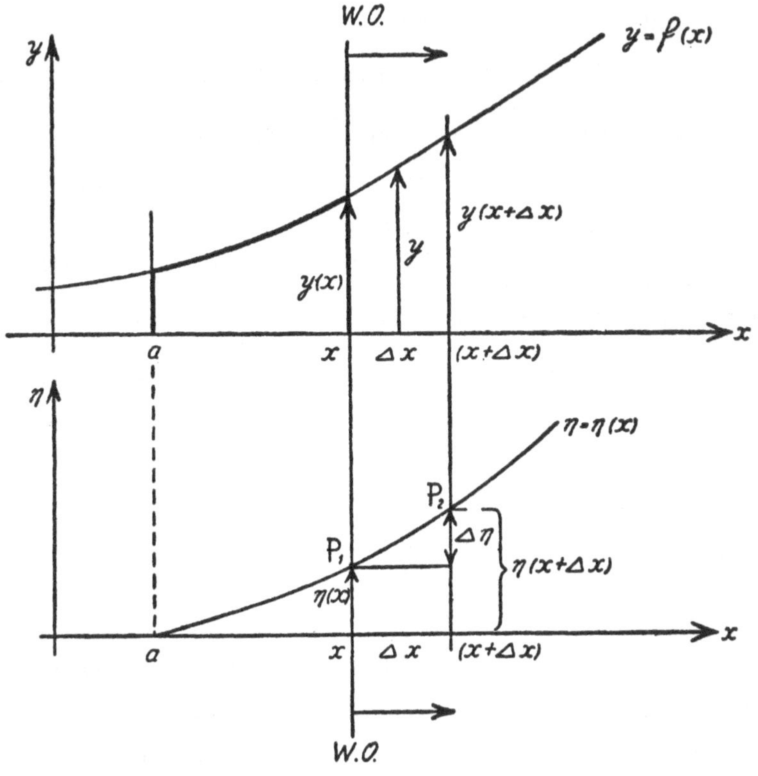

Abb. 32

von x um das Stück $\Delta\ x$ bis $(x + \Delta\ x)$ vorrücken. Dabei tritt zu der Fläche links der W.O (die $\eta(x)$ ergab) der Streifen über $\Delta\ x$, zwischen den Ordinaten bei x und $(x + \Delta\ x)$ und unter der y-Kurve hinzu. Ist $\Delta\ x$ hinreichend klein, so kann diese hinzukommende Streifenfläche durch $y \cdot \Delta\ x$ beliebig genau angegeben werden, worin y eine Ordinate zwischen x und $(x + \Delta\ x)$ bezeichnet. Der Zuwachs $\Delta\ \eta$, den η beim Vorrücken der W.O. von x nach $(x + \Delta\ x)$ erfährt, ist also $\Delta\ \eta = y\ \Delta\ x$.

Folglich ist $y = \frac{\Delta\ \eta}{\Delta\ x}$. Ist $\Delta\ x$ hinreichend klein, so wird erstens auch $\Delta\ \eta$ beliebig klein, und zweitens wird der zwischen $y(x)$ und $y(x + \Delta\ x)$ angenommene Wert y

in der Gleichung $\Delta\eta = y\,\Delta x$ sich beliebig wenig von $y(x)$, dem Funktionswert der Funktion $y = f(x)$ an der Stelle x unterscheiden, denn $y = f(x)$ soll ja eine stetige Funktion sein. Man darf also sagen, daß $y(x)$ der Grenzwert ist, von dem sich der Quotient $\frac{\Delta\eta}{\Delta x}$ beliebig wenig unterscheidet, wenn Δx hinreichend klein gedacht wird. Man schreibt daher $y = \frac{d\eta}{dx}$ und bezeichnet diesen Grenzwert als den **Differentialquotienten** (oder die „Ableitung") der Funktion $\eta(x)$ an der Stelle x. Neben $\frac{d\eta}{dx}$ ist auch die Bezeichnung η' üblich, oder auch $\frac{d\eta(x)}{dx}$.

Wir haben damit einen doppelten Zusammenhang zwischen den beiden Funktionen $y = f(x)$ und $\eta = \eta(x)$ entdeckt.

Gehen wir von y aus, so gewinnen wir die Integralfunktion $\eta(x)$ durch die Integration $\eta(x) = \int_a^x y\,dx$. Gehen wir dagegen von $\eta = \eta(x)$ aus, so bilden wir den Differentialquotienten dieser Funktion und finden damit $y(x)$.

Um den Differentialquotienten einer gegebenen Funktion $\eta(x)$ zu finden, berechnet man zuerst $\eta(x)$ an einer (beliebigen) Stelle x und dann an der Stelle $(x + \Delta x)$, wodurch man $\eta(x + \Delta x)$ erhält. Subtraktion dieser beiden Funktionswerte gibt

$$\Delta\eta = \eta(x + \Delta x) - \eta(x).$$

Diese Differenz wird durch Δx dividiert, und dann sieht man zu, welchem Grenzwert sich der Quotient $\frac{\Delta\eta}{\Delta x} = \frac{\eta(x + \Delta x) - \eta(x)}{\Delta x}$ nähert, d. h. man sucht diejenige Zahl η', von der sich $\frac{\Delta\eta}{\Delta x}$ beliebig wenig unterscheidet, wenn Δx hinreichend klein ist. Diese Zahl η' wird natürlich im allgemeinen an verschiedenen Stellen x auch verschieden sein, da ja $\eta(x)$ von x abhängt. Also wird auch $\eta'(x)$ eine Funktion von x. Ist so $\eta' = \frac{d\eta}{dx}$ gefunden, so ist $y(x) = \eta'(x)$.

Damit ist die Funktion y aus der Funktion η abgeleitet. Man bezeichnet die unter dem Integralzeichen $\int_a^x y\,dx$ stehende Funktion y von x als den „Integrand" oder als die „Integrandenfunktion" des Integrals. Wir können den doppelten Zusammenhang zwischen den beiden Funktionen y und η damit so aussprechen:

Das Integral über die Integrandenfunktion gibt die Integralfunktion. Der Differentialquotient der Integralfunktion gibt die Integrandenfunktion.

Es wird jetzt auch verständlich, daß man das Integral $\int_a^b y\,dx$, das ja eine einzige Zahl bedeutet, besonders bezeichnet und „bestimmtes Integral" nennt und dadurch von der Integralfunktion $\eta(x) = \int_a^x y\,dx$ unterscheidet.

Der Differentialquotient hat auch für sich allein, ohne Zusammenhang mit einem Integral, eine selbständige geometrische Bedeutung. In Abb. 33 sind mit P_1 und P_2 die beiden Punkte der die Funktion $\eta(x)$ darstellenden Kurve bezeichnet, die zu x und $(x + \Delta x)$

gehören. Ihre Ordinatendifferenz ist $\Delta\,\eta$. Wird mit β der Steigungswinkel der Kurvensehne $P_1\,P_2$ bezeichnet, so ist $tg\,\beta = \frac{\Delta\,\eta}{\Delta\,x}$. Wird $\Delta\,x$ kleiner gewählt, so rückt P_2 näher an den Punkt P_1 heran, und die Sehne $P_1 P_2$ ändert ihre Richtung. Sie hat eine Grenzlage. D. h. es gibt eine bestimmte durch P_1 gehende Gerade mit einem Steigungswinkel α, von deren Richtung sich die Richtung der Sehne $P_1\,P_2$ beliebig wenig unterscheidet, wenn $\Delta\,x$ hinreichend klein ist. Ist $\eta' = \frac{d\eta}{dx}$ der Grenzwert von $\frac{\Delta\,\eta}{\Delta\,x}$, so ist $tg\,\alpha$ der Grenzwert von $tg\,\beta$. Also ist $\eta' = tg\,\alpha$. Diese Gerade durch P_1, deren Steigungswinkel α ist, heißt Tangente an die η-Kurve im Punkte P_1. Der Differentialquotient einer Funktion gibt mithin den Tangens des Steigungswinkels der Tangente an die die Funktion darstellende Kurve.

Damit könnte man die y-Funktion und ihre Kurve rein geometrisch aus der η-Funktion und ihrer Kurve dadurch ableiten, daß man zu jedem x den Steigungswinkel α der Tangente im Punkte $x, \eta(x)$ mißt und $y = tg\,\alpha$ als Ordinate der y-Kurve zum gleichen x aufträgt.

Überblickt man die Eigenschaften und Zusammenhänge der beiden Funktionen $\eta(x)$ und $y(x)$, so ist es begrifflich einfacher und anschaulicher, aus der Funktion $y(x)$ durch Integration die Funktion $\eta(x)$ abzuleiten. Bei der „analytischen" d. h. formelmäßigen Behandlung ist es aber umgekehrt. Es ist leicht, eine Funktion zu differenzieren, d. h. ihren Differentialquotienten zu finden. Dagegen unmöglich, durch eine formelmäßige Rechnung unmittelbar aus einer gegebenen Funktion ihre Integralfunktion zu ermitteln.

Man geht daher bei Integrationen, auf die die Mehrzahl aller Aufgaben, bei denen Mathematik zur Anwendung kommt, führt, so vor:

Durch Differenzieren zahlreicher Funktionen $\eta(x)$ stellt man sich einen „Katalog" dieser Funktionen und ihrer Differentialquotienten η' zusammen. Hat man nun eine vorgelegte Funktion $y = f(x)$ zu integrieren, so sucht man in dem Katalog, ob sich darin $y = f(x)$ als Differentialquotient einer Funktion $\eta(x)$ findet. Ist dies der Fall, so ist damit die gesuchte Integralfunktion zu $f(x)$ gefunden. Hier wird dies an einzelnen Beispielen gezeigt werden, wobei noch einige Ergänzungen zu diesem Grundgedanken zugefügt werden sollen.

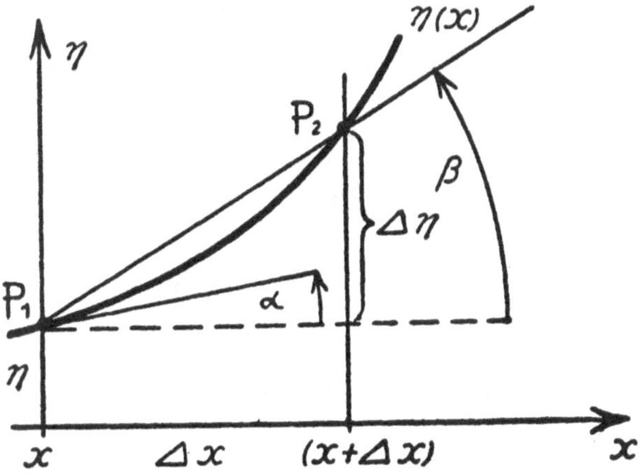

Abb. 33

Die umfassende und systematische Durchführung des Prinzips bleibe den Vorlesungen über Differential- und Integralrechnung vorbehalten.

4. Differenzieren und Integrieren einiger Funktionen

(1) Es soll die Funktion $\eta = x^2$ differenziert werden. Um den Differentialquotienten an irgendeiner Stelle x zu bilden, haben wir den Grenzwert von

$$\frac{\Delta \eta}{\Delta x} = \frac{\eta(x+\Delta x) - \eta(x)}{\Delta x} = \frac{(x+\Delta x)^2 - x^2}{\Delta x} = \frac{2x\Delta x + (\Delta x)^2}{\Delta x} = 2x + \Delta x$$

zu suchen. Man sieht sofort, daß er $2x$ ist, denn $2x + \Delta x$ unterscheidet sich beliebig wenig von $2x$, wenn Δx hinreichend klein gedacht wird. Es ist also $\eta' = \frac{d\eta}{dx} = 2x$ der Differentialquotient der Funktion $\eta = x^2$.

(2) $\eta = \frac{1}{x}$. (Den Wert $x = 0$, bei dem diese Funktion nicht stetig ist, schließen wir aus.) Wir bilden nach dem Schema $\frac{\eta(x+\Delta x) - \eta(x)}{\Delta x} = \frac{\Delta \eta}{\Delta x}$ diesen Quotienten und finden hier $\frac{\Delta \eta}{\Delta x} = \frac{1}{\Delta x} \cdot \left(\frac{1}{x+\Delta x} - \frac{1}{x}\right) = \frac{x-(x+\Delta x)}{x(x+\Delta x)\Delta x} = -\frac{1}{x^2+x\Delta x}$.

Sein Grenzwert ist also $-\frac{1}{x^2}$, womit der Differentialquotient von $\eta = \frac{1}{x}$ in $\eta' = -\frac{1}{x^2}$ gefunden ist[1]).

(3) $\eta = \sqrt{x}$. $(x > 0)$.

Das allgemeine Schema versagt hier. Nun ist aber $x = \eta^2$ gleichbedeutend mit der gegebenen Gleichung. Fassen wir daher x als Funktion von η auf, so haben wir nach (1) ihren Differentialquotienten $\frac{dx}{d\eta} = 2\eta$.

Dies ist der Grenzwert von $\frac{\Delta x}{\Delta \eta}$. Der gesuchte Grenzwert von $\frac{\Delta \eta}{\Delta x}$ ist der Grenzwert von $\frac{1}{\Delta x / \Delta \eta}$, also gleich $\frac{1}{dx / d\eta}$, sofern $\frac{dx}{d\eta}$ nicht Null wird, was durch die Bedingung $x > 0$ ausgeschlossen wurde. Es ist demnach $\frac{d\eta}{dx} = \frac{1}{2\eta} = \frac{1}{2\sqrt{x}}$.

Diese drei Beispiele lassen sich auf eine einzige Formel bringen. Die Funktion $\eta = x^n$ umfaßt mit $n = 2; -1; n = 1/2$ alle drei Funktionen. Ihr Differentialquotient ist in allen drei Fällen $\eta' = n \cdot x^{n-1}$. In der Differentialrechnung wird bewiesen, daß der Differentialquotient der Funktion $\eta = x^n$ allgemein $\eta' = n \cdot x^{n-1}$ ist, welches auch der Wert des Exponenten n sein mag.

(4) Ist $\eta = C$, d. h. eine Konstante, so ist $\eta = \eta(x+\Delta x) - \eta(x) = C - C = 0$ und daher $\eta' = 0$. Mit $n = 0$ gehört auch diese Funktion zu den durch $\eta = Cx^n$ gegebenen.

(5) $\eta = \sin x$.

---

[1]) Der Leser beachte, daß bei diesem Gedankengang $\Delta x \neq 0$ bleibt. Man nennt ihn „Grenzübergang".

Es wird

$$\frac{\Delta\eta}{\Delta x}=\frac{\sin(x+\Delta x)-\sin x}{\Delta x}=\frac{\sin x\cdot\cos\Delta x+\cos x\cdot\sin\Delta x-\sin x}{\Delta x}=$$

$$=\frac{\cos\Delta x-1}{\Delta x}\cdot\sin x+\cos x\cdot\frac{\sin\Delta x}{\Delta x}.$$

Der Grenzwert dieses Ausdrucks ist nicht mehr so einfach zu finden, wie in den bisherigen Beispielen. Da $\frac{\cos\Delta x-1}{\Delta x}=-\sin\frac{\Delta x}{2}\cdot\frac{\sin\frac{\Delta x}{2}}{\frac{\Delta x}{2}}$ ist, kommt es auf den Grenzwert von $\frac{\sin x}{x}$ an.

Wir müssen hier nachholen, was die Zahl x eigentlich in $\sin x$ zu bedeuten hat. Sie mißt den Winkel, von dem der Sinus genommen wird im sogenannten **Bogenmaß.**

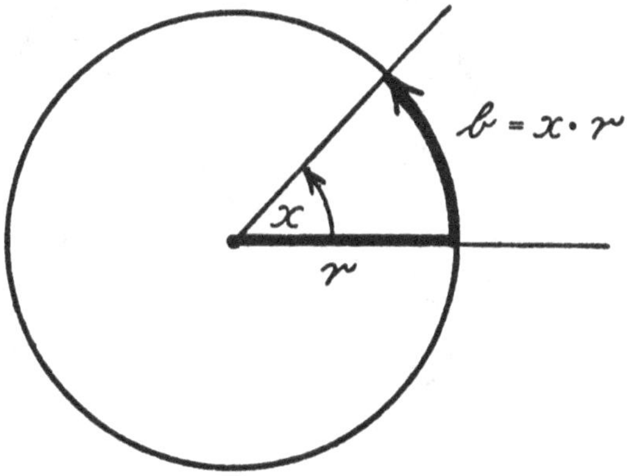

Abb. 34

Diese, der Mathematik eigentümliche Winkelmessung ist frei von der Willkür der sonst üblichen Winkelmaße, deren es ja eine ganze Menge gibt. Da ist der „Altgrad", von dem 90° auf den Rechten gehen; dann der „Neugrad", bei dem ein Rechter gleich 100^g ist. Der Seemann mißt den Winkel in „Strich", von denen 32 auf den Kreisumfang gehen. So gibt es noch mehrere Winkeleinheiten.

Den im Bogenmaß gemessenen Winkel legt man dadurch fest, daß man (Abb. 34) die Länge des Kreisbogens zwischen den Schenkeln des Winkels durch den Radius des Kreises dividiert, und diesen Quotienten $x=\frac{b}{r}$ als die Größe des im Bogenmaß gemessenen Winkels festsetzt. Die Größe des Radius r ist dabei gleichgültig. Ebenso, in welcher Längeneinheit man die Länge von r und den Bogen b mißt.

Da der Kreisumfang $2r\pi$ ist, bedeutet $x=2\pi$ einen Winkel von 360°; und weiter $x=\pi$ den Winkel von 180°; $x=\pi/2$ den Winkel von 90° usw. Ein beliebiger Winkel von $\alpha°$ bekommt im Bogenmaß die Größe $x = \frac{\pi}{180} \cdot \alpha°$. Zur Umrechnung von Winkeln, die mit $\alpha°$ durch Altgrade gegeben sind, ins Bogenmaß x und umgekehrt merke man sich für Kopfrechnungen: $x \cdot 57{,}30° = \alpha°$.

In der Abb. 35 ist im Kreise vom Radius r ein Winkel x eingezeichnet, wobei also die Zahl x den Winkel im Bogenmaß mißt. Der Kreisbogen $\widehat{CB}$ hat daher die Länge $x \cdot r$. Ferner ist $AB = r \cdot \sin x$ und $CD = r \cdot tg\, x$. Welchem Grenzwert sich der Quotient $\frac{\sin x}{x} = \frac{\text{Strecke } AB}{\text{Bogen } CB}$, den wir für unseren Differentialquotienten brauchen, nähert, wenn x nach Null geht, kann man der Abb. 35 nicht ansehen. Wir betrachten daher drei Flächen. Erstens das Dreieck $OAB = \frac{r^2 \cdot \sin x \cdot \cos x}{2}$. Zweitens den Sektor

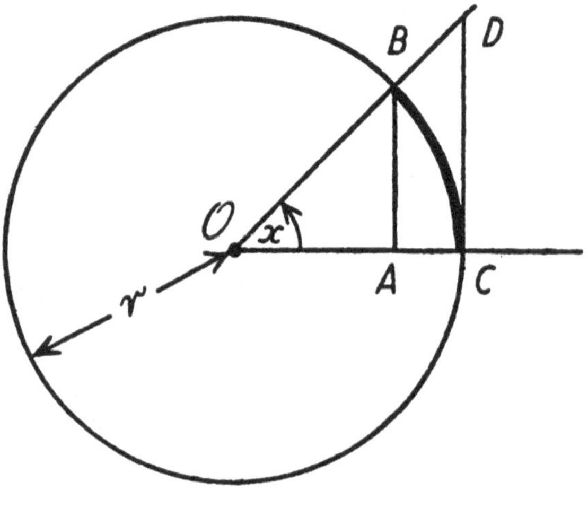

Abb. 35

$BOC = \frac{r^2 \cdot x}{2}$ und drittens das Dreieck $DOC = \frac{r^2}{2} \cdot tg\, x = \frac{r^2 \cdot \sin x}{2 \cdot \cos x}$. Sicher gilt nun für diese drei Flächen

$$\frac{r^2 \sin x \cdot \cos x}{2} < \frac{r^2 x}{2} < \frac{r^2}{2} \cdot \frac{\sin x}{\cos x}.$$

Daraus folgt, solange $x \neq 0$ bleibt, $\cos x < \frac{x}{\sin x} < \frac{1}{\cos x}$.

Es ist $\cos x < 1$ und $\frac{1}{\cos x} > 1$. Der Quotient $\frac{x}{\sin x}$ ist also zwischen zwei Zahlen eingeschlossen, von denen die eine kleiner und die andere größer als 1 ist, und die sich beliebig wenig von 1 unterscheiden, wenn x hinreichend klein wird. Daraus können wir schließen, daß sich $\frac{x}{\sin x}$ und auch $\frac{\sin x}{x}$ beliebig wenig von 1 unterscheiden, wenn x hinreichend klein ist. D. h. die beiden Quotienten haben den Grenzwert 1, wenn x nach Null geht. Folglich unterscheiden sich die Quotienten $\frac{\sin \Delta x}{\Delta x}$ und $\frac{\sin \frac{\Delta x}{2}}{\frac{\Delta x}{2}}$ bei hinreichend kleinem Δx beliebig wenig von 1; also $\frac{\cos \Delta x - 1}{\Delta x}$ beliebig wenig von Null, und mit $\eta' = \cos x$ haben wir den Differentialquotienten von $\eta = \sin x$ gefunden.

Wir schließen hiermit unseren Katalog von Funktionen und ihren Differentialquotienten ab.

Drei allgemeine Differentiationsregeln fügen wir noch hinzu, deren Beweis wir dem Leser oder den Vorlesungen überlassen.

(1) Ist η' der Differentialquotient einer Funktion $\eta = \eta(x)$, so hat die Funktion $\zeta = C \cdot \eta(x)$ den Differentialquotienten $\zeta' = \frac{d\zeta}{dx} = C \cdot \eta'$.

(2) Sind η_1; η_2; η_3 ... Funktionen, deren Differentialquotienten η'_1; η'_2; η'_3 ... wir bereits kennen, und $\zeta = C_1 \cdot \eta_1 + C_2 \cdot \eta_2 + C_3 \cdot \eta_3 + \ldots$, so ist

$$\frac{d\zeta}{dx} = C_1 \cdot \eta' + C_2 \cdot \eta'_2 + C_3 \cdot \eta'_3 + \cdots$$

(3) Der Differentialquotient von $\eta = \sin x$ ist $\eta' = \cos x$. Was ist der Differentialquotient von $\eta = \sin(a \cdot x)$, worin a eine Konstante ist? Man könnte ihn nach dem allgemeinen Schema ableiten. Es gibt aber einen kürzeren Weg.

Man setzt $u = a \cdot x$, so daß $\eta = \sin u$ eine Funktion von u wird. Dann ist $\frac{d\eta}{du} = \cos u$. Ferner ist $\frac{du}{dx} = a$. Dann ist der gesuchte Differentialquotient

$$\frac{d\eta}{dx} = \frac{d\eta}{du} \cdot \frac{du}{dx} = \cos u \cdot a = a \cdot \cos(ax).$$

Man bezeichnet dies als die „Kettenregel", die sich aus den Grenzwerten von $\frac{\Delta\eta}{\Delta u}, \frac{\Delta u}{\Delta x}$ und $\frac{\Delta\eta}{\Delta x} = \frac{\Delta\eta}{\Delta u} \cdot \frac{\Delta u}{\Delta x}$ ableiten und leicht behalten läßt. Ist z. B. $\eta = \sin x^2$, so setzt man $u = x^2$ und findet $\frac{d\eta}{dx} = \frac{d\eta}{du} \cdot \frac{du}{dx} = \cos u \cdot 2x = 2x \cdot \cos x^2$.

Allgemein kann man die Kettenregel so fassen:

Ist $\eta = \eta(u)$ und $u = u(x)$, so ist $\frac{d\eta}{dx} = \frac{d\eta}{du} \cdot \frac{du}{dx}$.

Wir haben jetzt einen Katalog einiger Funktionen mit ihren Differentialquotienten zusammengestellt und wollen an einigen Aufgaben zusehen, was wir in der Integralrechnung damit erreichen können.

(1) Es sei $y = x$ gegeben und die Integralfunktion $\eta = \int\limits_0^x x\,dx$ gesucht. Wir suchen im Katalog nach einer Funktion $\eta(x)$, deren Differentialquotient $\eta' = y = x$ ist. Wir finden, daß $\eta = p\,x^2$ den Differentialquotienten $\eta' = 2px$ hat, worin p eine beliebige konstante Zahl sein darf. Wir brauchen also nur $p = \frac{1}{2}$ zu nehmen, dann hat $\eta = \frac{1}{2}x^2$ den verlangten Differentialquotienten $\eta' = y = x$. Es ist demnach

$\eta = \frac{1}{2}x^2 = \int\limits_0^x x\,dx$ die gesuchte Integralfunktion.

(2) Es ist die Integralfunktion $\eta = \int\limits_2^x \frac{dx}{x^2}$ (für $x > 0$) gesucht. Hier ist der Integrand $y = \frac{1}{x^2}$. Wir finden im Katalog, daß $\eta = \frac{p}{x}$ den Differentialquotienten $\eta' = -\frac{p}{x^2}$ hat. Wählen wir $p = -1$, so haben wir in $\eta = -\frac{1}{x}$ eine Funktion, deren Differentialquotient $\eta' = \frac{1}{x^2} = y$ ist. Trotzdem ist diese Funktion noch nicht die gesuchte Integralfunktion $\eta = \int\limits_2^x \frac{dx}{x^2}$. Denn diese muß für $x = 2$ den Wert Null haben, weil das Integral für $x=2$ den Wert Null hat, denn bei $x=2$ beginnt ja die Summierung von $y\,dx$ bzw. die Wanderung der Wanderordinate. Wir ersehen aus diesem Beispiel: Um eine Integralfunktion $\eta = \int\limits_a^x y\,dx$ zu erhalten, genügt es also noch nicht, wenn wir im Katalog eine Funktion $\eta(x)$ finden, deren Differentialquotient $\eta' = y$, d. h. gleich der Integrandenfunktion ist, sondern die gesuchte Integralfunktion muß noch bei $x = a$ den Wert Null annehmen, was bei der im Katalog gefundenen Funktion nicht der Fall zu sein braucht, auch wenn ihr Differentialquotient gleich y ist. Wir bezeichnen daher von jetzt ab die im Katalog gefundene Funktion mit $\bar{\eta}$.

Es ist also $\bar{\eta}' = y$; aber im allgemeinen $\bar{\eta}(a) \neq 0$.

(Diese Funktion $\bar{\eta}(x)$ wird das „unbestimmte Integral" genannt und mit $\int^x y\,dx$ bezeichnet. Durch das Fortlassen der unteren Grenze a beim Integralzeichen wird angedeutet, daß der Differentialquotient der als unbestimmtes Integral bezeichneten Funktion zwar gleich y ist, daß diese Funktion aber nicht den Wert Null bei $x = a$ annimmt, wie es bei der gesuchten Integralfunktion der Fall sein muß.)

Nun hat aber jede Funktion $\eta = \bar{\eta} + C$, die aus $\bar{\eta}$ durch Addieren irgendeiner Konstanten C entsteht, den gleichen Differentialquotienten wie $\bar{\eta}$, weil $\frac{dC}{dx} = 0$ ist. Das unbestimmte Integral $\bar{\eta}(x)$ nimmt für $x = a$ den Wert $\bar{\eta}(a)$ an. Das ist ein ganz bestimmter Zahlwert, der durch Einsetzen von $x = a$ in die im Katalog gefundene Funktion $\bar{\eta}(x)$ entsteht. Setzen wir nun $C = -\bar{\eta}(a)$, so haben wir in $\eta(x) = \bar{\eta}(x) - \bar{\eta}(a)$ die gesuchte Integralfunktion $\eta = \int_a^x y\,dx$ gefunden. Denn sie erfüllt beide Bedingungen: Erstens ist ihr Differentialquotient $\eta' = y$, und zweitens nimmt sie für $x = a$ den Wert Null an, denn es wird $\eta(a) = \bar{\eta}(a) - \bar{\eta}(a) = 0$.

In unserem Beispiel (2) ist also das unbestimmte Integral $\bar{\eta} = -\frac{1}{x}$. Diese Funktion nimmt für $x = a = 2$ den Wert $\bar{\eta}(2) = -\frac{1}{2}$ an. In $\eta = \bar{\eta} + C$ ist demnach $C = -\bar{\eta}(2) = +\frac{1}{2}$ einzusetzen, so daß die gesuchte Integralfunktion

$$\eta(x) = \int_2^x \frac{dx}{x^2} = -\frac{1}{x} + \frac{1}{2} \quad \text{wird.}$$

Man nennt die mit C bezeichnete Konstante, die zu dem unbestimmten Integral $\bar{\eta}$ zu addieren und die gleich $-\bar{\eta}(a)$ zu setzen ist, die **Integrationskonstante.** Wir wiederholen noch einmal: Ist die Integralfunktion $\eta = \int_a^x y\,dx$ zu bestimmen, so sucht man im Katalog eine Funktion $\bar{\eta}(x)$, deren Differentialquotient $\bar{\eta}' = y$ ist. Dazu werden mitunter einige Umformungen mit der im Katalog verzeichneten Funktion erforderlich sein. Etwa Hinzufügung eines geeigneten Faktors (wie p in den Beispielen (1) und (2), oder es kann auch erst durch Kombination mehrerer Katalogfunktionen (man denke an die Kettenregel) ein unbestimmtes Integral $\bar{\eta}(x)$ hergestellt werden, dessen Differentialquotient $\bar{\eta}' = y$ ist. Sodann setzt man $\eta = \bar{\eta} + C$, fügt also die Integrationskonstante zu dem unbestimmten Integral hinzu, und bestimmt diese aus der Gleichung $C = -\bar{\eta}(a)$, wozu also $\bar{\eta}(a)$ durch Einsetzen der unteren Grenze a des Integrals in das unbestimmte Integral auszurechnen ist. Dann ist $\eta(x) = \bar{\eta} - \bar{\eta}(a)$ die gesuchte Integralfunktion $\int_a^x y\,dx$, die beide Bedingungen $\eta' = \bar{\eta}' = y$, und $\eta(a) = \bar{\eta}'(a) - \bar{\eta}'(a) = 0$ erfüllt.

(3) Die Integralfunktion $\eta = \int_{-\pi/2}^{x} \cos(q \cdot x)dx$ ist zu ermitteln. Darin ist q eine gegebene Konstante.

Im Katalog finden wir zunächst, daß $\cos x$ der Differentialquotient von $\sin x$ ist. Der Differentialquotient von $\sin(qx)$ folgt daraus nach der Kettenregel zu $q \cdot \cos(q\,x)$, wie auf Seite 39 gezeigt wurde. Folglich ist $\frac{\sin(q\,x)}{q}$ eine Funktion, deren Differentialquotient $\cos(q\,x)$ ist, wie wir sie also brauchen. $\bar{\eta} = \frac{\sin(q\,x)}{q}$ ist demnach das unbestimmte Integral zu unserer gesuchten Integralfunktion. Die untere Grenze des die gesuchte Integralfunktion darstellenden Integrals ist hier $a = -\pi/2$. In das unbestimmte Integral eingesetzt, ergibt sie $\bar{\eta}(a) = -\frac{\sin(q \cdot \pi/_2)}{q}$. Da $\bar{\eta}(a) = -C$ sein muß, wird hier die Integrationskonstante $C = + \frac{\sin(q \cdot \pi/2)}{q}$. Die fertige Integralfunktion ist damit schließlich

$$\eta = \frac{\sin(q \cdot x)}{q} + \frac{\sin(q \cdot \pi/2)}{q}.$$

(4) Die Zahl $I = \int_a^b y\,dx$ ist zu ermitteln. Also ein bestimmtes Integral auszuwerten.

Wir erinnern uns (vgl. Seite 33), wie die Forderung $\eta' = y$, die an eine Integralfunktion η zu stellen ist, zustande kam.

Es war $\Delta\eta = y \cdot \Delta x$, woraus $\frac{\Delta\eta}{\Delta x} = y$ und $\frac{d\eta}{dx} = y$ folgte.

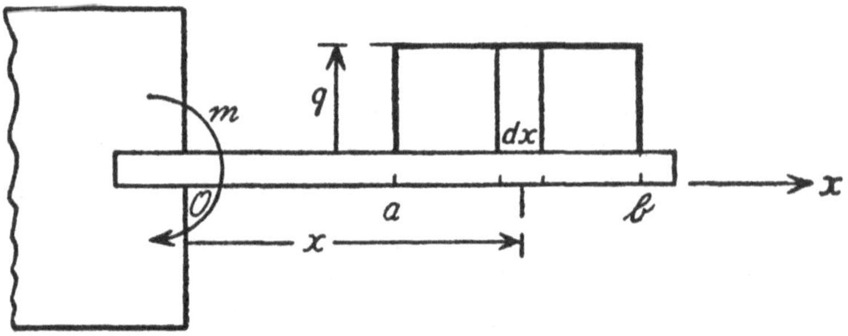

Abb. 36

Das Integral $I = \int_a^b y\,dx$ ist der Grenzwert der Summe der von a bis b summierten Produkte $y \cdot \Delta x$, also auch der von a bis b summierten Zuwächse $\Delta\eta$ der Integralfunktion η. Diese Summe der Zuwächse der Funktion η ist aber gleich der Differenz ihrer Funktionswerte $\eta(a)$ und $\eta(b)$, denn von $\eta(a)$ kommt man zu $\eta(b)$ durch Summation der einzelnen Zuwächse $\Delta\eta$ von a bis b. Es ist also $I = \eta(b) - \eta(a)$.

Von der Funktion $\eta(x)$ wird jetzt nur verlangt, daß $\eta' = y$ ist, denn dieser Zusammenhang folgte als Grenzwert von $\frac{\Delta\eta}{\Delta x} = y$, und das ist gleichbedeutend mit $\Delta\eta = y \cdot \Delta x$. Mehr wird bei einem bestimmten Integral von der Funktion η nicht verlangt, als daß ihre Zuwächse $\Delta\eta$ mit y in dieser Weise zusammenhängen.

Findet man daher im Katalog eine Funktion $\bar{\eta}$, deren Differentialquotient $\bar{\eta}' = y$ ist, so ist $I = \int_b^a y\,dx = \bar{\eta}(b) - \bar{\eta}(a)$, ohne daß man sich hier um eine Integrationskonstante zu kümmern braucht. Man hat nur die „Grenzen in das unbestimmte Integral einzusetzen".

(5) Ein Balken ragt aus einer Wand waagerecht heraus (Abb. 36). Auf ihm liegt eine von a bis b gleichmäßig verteilte Last, deren Größe durch q (in kg/m) angegeben ist. Gefragt ist nach dem Moment m, das die Einspannung des Balkens in der Wand auszuhalten hat.

Wir legen eine x-Achse in die Längsrichtung des Balkens mit dem Nullpunkt in der Einspannstelle. Auf einem Stückchen dx an der Stelle x des Balkens ruht die Teillast $q \cdot dx$. Sie trägt mit dem Hebelarm x zu dem gesuchten Moment m mit dem Teilmoment $x \cdot q \cdot dx$ bei. Das Gesamtmoment der ganzen Last ist also

$$m = \int_a^b q\, x \cdot dx.$$

Die Integrandenfunktion y ist hier $y = q\, x$, und wir finden im Katalog $\bar{\eta} = \frac{q\, x^2}{2}$. Damit wird das Gesamtmoment $m = \frac{q}{2}(b^2 - a^2)$.

(6) Die Geschwindigkeit v (in m/s) eines Fahrzeugs hängt von der Zeit t in folgender Weise ab: $v = 50 - \frac{25}{t^2}$. Die in der Zeit von $t_1 = 1$ bis $t_2 = 5$ zurückgelegte Strecke S ist zu berechnen.

Die Geschwindigkeit v ist $v = \frac{ds}{dt}$, d. h. der Grenzwert von $\frac{\Delta s}{\Delta t}$, wenn s den durchlaufenden Weg bezeichnet. Also ist $\Delta s = v \Delta t$ und $S = \int_{t_1}^{t_2} v\, dt$.

Einsetzen der vorher gegebenen Funktion v von t und der beiden Werte $t_1 = 1$ und $t_2 = 5$ in dies Integral führt auf $S = \int_1^5 (50 - \frac{25}{t^2})\, dt$, das jetzt zu berechnen ist.

Im Katalog finden wir die Funktion $50\, t + \frac{25}{t}$, deren Differentialquotient $50 - \frac{25}{t^2}$ ist.

Also ist $S = (50\, t_2 + \frac{25}{t_2}) - (50\, t_1 + \frac{25}{t_1}) = 50 \cdot 4 + 25 \cdot (\frac{1}{5} - 1) = 180$ m.

(7) Der Leser bestätige, daß $\eta = \int_a^x x^n \cdot dx = \frac{1}{n+1}(x^{n+1} - a^{n+1})$ ist.

Diese Formel gilt für beliebiges n mit Ausnahme von $n = -1$, da dann der Nenner auf der rechten Seite Null wird, wodurch die Gleichung ihren Sinn verliert. Ferner ist zu beachten, daß bei negativem n der Integrand bei $x=0$ unendlich wird. Liegt diese Stelle im Integrationsintervall von a bis x, so läßt sich zeigen, daß das Integral einen Sinn behält, sofern $n > -1$ ist. Diese Untersuchung wird in der Integralrechnung durchgeführt werden.

5. Einführung einer neuen Integrationsvariablen

In der Integralrechnung findet oft ein Hilfsmittel Anwendung, das wir zunächst an einem Beispiel erläutern.

Es sei das bestimmte Integral $I = \int_a^b (p + q\, x)^2\, dx$ zu berechnen, in dem g und p gegebene Konstanten sein sollen.

Statt $I = \int_a^b (p^2 + 2\, p\, q\, x + q^2\, x^2)\, d\, x = \int_a^b p^2\, d\, x + \int_a^b 2\, pq\, x\, dx + \int_a^b q^2\, x^2\, dx$ zu rechnen (was wir dem Leser aber zur Übung empfehlen), führen wir eine „neue Integrationsvariable“ u dadurch ein, daß wir $u = p + qx$ setzen. Während x

bei der Integration die Werte von a bis b durchläuft, geht u von $\bar{a} = p + qa$ bis $\bar{b} = p + qb$.

Abb. 37 zeigt diesen Zusammenhang zwischen x und u an einem konkreten Zahlbeispiel. Bei diesem ist $p = 2$ und $q = 3$; es ist also $u = 2 + 3x$. Die Integralgrenzen sollen $a = -2$ und $b = 3$ sein.

Es handelt sich also um das Integral $I = \int_{-2}^{3} (2 + 3x)^2\, dx$, das den Wert 155 hat, wie der Leser durch die oben angegebene Aufteilung des Integrals nachrechnen kann.

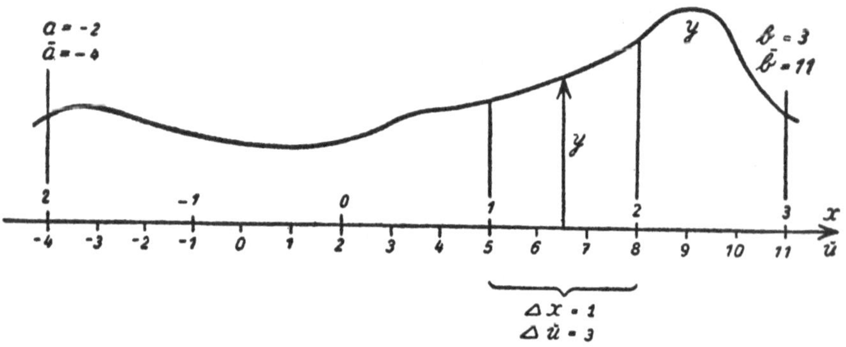

Abb. 37

Um den Zusammenhang zwischen x und der neu eingeführten Variablen u deutlich zu machen, trägt in Abb. 37 die x-Achse noch eine u-Teilung. Die oberen Teilstriche gehören zur x-Teilung und die unteren zur u-Teilung. Die Zahl x durchläuft bei der Integration das Intervall von $a = -2$ bis $b = 3$, da dies die Grenzen des Integrals sind. Der Teilstrich x wandert dabei von -2 bis $+3$ auf der x-Teilung. Derselbe Teilstrich durchläuft dabei die Teilstriche von -4 bis 11 der u-Teilung. Es folgt dies aus

$$u = 2 + 3x$$

und läßt sich auch in der Abb. 37 verfolgen. Die Grenzen des von der Zahl u durchlaufenen Intervalls nennen wir $\bar{a}$ und $\bar{b}$. Hier ist $\bar{a} = -4$ und $\bar{b} = 11$.

Das Integral $I = \int_a^b (p + qx)^2\, dx$ ist nun ein ganz bestimmter Zahlwert. (Im Zahlbeispiel 155.) Es ist der Grenzwert der Summe der Zahlprodukte $y\Delta x$. Diese Zahl I wird durch die Fläche unter der y-Kurve zwischen a und b dargestellt, und das einzelne Zahlprodukt $y\Delta x$ durch den schmalen Flächenstreifen über Δx[1]).

In Abb. 37 ist $\Delta x = 1$ gewählt, so daß die Summe $\Sigma y \cdot \Delta x$ aus fünf Produkten besteht. Wenn nun dieselben Werte dieser fünf Zahlprodukte durch die neue Variable u ausgedrückt werden sollen, so muß dies durch die Produkte $y \cdot \frac{\Delta u}{3}$ geschehen. Denn wenn x um $\Delta x = 1$ zunimmt, wächst u um $\Delta u = 3\Delta x$, wie es in der Abbildung abge-

[1]) In der Abb, 37 soll die eingezeichnete y-Kurve nicht etwa $y = (p + qx)^2$ darstellen, sondern schematisch irgendeinen Integranden.

lesen oder der Gleichung $x = 2 + 3x$ entnommen werden kann. Die zu demselben, das Produkt $y\Delta x$ darstellenden, Flächenstreifen gehörende Zahl Δu ist dreimal so groß wie Δx. Daher bedeutet das Zahlprodukt $y \cdot \frac{\Delta u}{3}$ die gleiche Streifenfläche und den gleichen Zahlwert wie $y\Delta x$. Rechnet man mit der neuen Variablen u an Stelle von x, so sind auch fünf Produkte zu addieren. Aber diese sind jetzt $y \cdot \frac{\Delta u}{3}$.

Die fünf Schritte reichen von $\bar{a} = -4$ bis $\bar{b} = 11$, den Grenzen des von der Variablen u durchlaufenen Intervalls, und jeder Schritt hat die Länge $\Delta u = 3$. Die y-Werte bleiben die gleichen, sodaß die Produktsummen von $y \cdot \Delta x$ und $y \cdot \frac{\Delta u}{3}$ in der Tat die gleiche Zahl ergeben. Ist Δx nicht gerade 1 sondern kleiner, so bleibt doch

$$\Delta u = 3 \cdot \Delta x,$$

so daß $y \cdot \frac{\Delta u}{3}$ an Stelle von $y \cdot \Delta x$ zu summieren ist. Wenn allgemein $u = p + qx$ ist, muß $y \cdot \Delta x$ durch $y \cdot \frac{\Delta u}{q}$ ersetzt und die Summierung dieser Produkte von $\bar{a} = p + q\,a$ bis $\bar{b} = p + q\,b$ vorgenommen werden.

Die Einführung der neuen Integrationsvariablen $u = p + qx$ geschieht also in drei Schritten:

(1) Man führt in den Integranden des Integrals $I = \int_a^b (p + qx)^2\,dx$ die neue Variable u ein, wodurch u^2 unter dem Integral erscheint.

(2) Aus $\Delta x = \frac{\Delta u}{q}$ folgt durch Grenzübergang $dx = \frac{du}{q}$, was ebenfalls unter dem Integral einzusetzen ist.

(3) Die Grenzen a und b des Integrals werden durch $\bar{a} = p + qa$ und $\bar{b} = p + qb$ ersetzt.

Es wird also

$$\mathrm{I} = \int_{\bar{b}}^{\bar{a}} u^2 \frac{du}{q}.$$

Setzen wir die die Zahlen des Zahlbeispiels ein, so wird

$$I = \int_{-4}^{11} u^2 \frac{du}{3} = \frac{1}{9}\left\{(11)^3 - (-4)^3\right\} = 155.$$

Die Rechnung ist durch die Einführung der neuen Integrationsvariablen erheblich abgekürzt gegenüber der auf Seite 43 angeschriebenen Aufteilung des Integrals in drei Teilintegrale.

Das Prinzip der Einführung einer neuen Integrationsvariablen läßt sich noch dadurch erweitern, daß man in ein Integral $I = \int_a^b f(x)dx$ allgemeiner durch $u = \varphi(x)$ eine neue Integrationsvariable u einführt[1]).

[1]) In dem soeben behandelten Beispiel war die Funktion $\varphi(x) = p + qx$.

Dann ist auch x eine Funktion von u, die wir $\psi(u)$ nennen wollen. Es ist also $x = \psi(u)$ und $dx = \psi'(u) \cdot du$. An den Grenzen a und b des Integrals nimmt die neue Variable u die Werte $\bar{a} = \varphi(a)$ und $\bar{b} = \varphi(b)$ an. Führen wir dies alles in das Integral ein, so erhalten wir

$$I = \int_{\bar{a}}^{\bar{b}} f\big(\psi(u)\big)\psi'(u) \cdot du. \quad \text{Oder auch} \quad I = \int_{\varphi(a)}^{\varphi(b)} f\big(\psi(u)\big)\psi'(u) \cdot du.\ ^{1)}$$

Obwohl dies unheimlicher als das ursprüngliche Integral aussieht, gewährt die damit eingeführte Einführung einer neuen Integrationsvariablen doch oft eine Vereinfachung der Integration, wie das folgende Beispiel zeigt.

$$\text{Es sei } I = \int_a^b x \cdot \sqrt{1 + x^2} \cdot dx \quad \text{zu bestimmen.} \quad (a > 0; b > 0)$$

Zu diesem Integranden findet man vielleicht keine Integralfunktion. Dies gelingt jedoch nach Einführung einer neuen Integrationsvariablen u durch $u = \varphi(x) = x^2$. Dann ist $x = \psi(u) = \sqrt{u}$ und $dx = \psi'(u) \cdot du = \dfrac{du}{2\sqrt{u}} = \dfrac{du}{2x}$.

Die neuen Grenzen werden $\bar{a} = \varphi(a) = a^2$ und $\bar{b} = \varphi(b) = b^2$. Das Integral wird jetzt

$$I = \frac{1}{2}\int_{\bar{a}}^{\bar{b}} \sqrt{1 + u} \cdot du = \frac{1}{2}\int_{a^2}^{b^2} \sqrt{1 + u} \cdot du.$$

Zu dem Integranden $\sqrt{1 + u}$ findet man die Integralfunktion $\eta = \frac{2}{3}(1 + u)^{3/2}$, denn es ist $\eta' = (1 + u)^{1/2}$.

Es ist also

$$I = \frac{1}{3}\left\{(1 + \bar{b})^{3/2} - (1 + \bar{a})^{3/2}\right\} = \frac{1}{3}\left\{(1 + b^2)^{3/2} - (1 + a^2)^{3/2}\right\},$$

womit die Aufgabe gelöst ist.

Wir stellen noch folgende Frage: Sind die beiden Integrale $\int_a^b x^2 \cdot dx$ und $\int_a^b u^2 \cdot du$ einander gleich? D. h. haben beide den gleichen Zahlwert? Die Grenzen a und b sind die gleichen. Auch der Integrand ist der gleiche. Der Unterschied besteht nur darin, daß bei einem Integral der Buchstabe x und beim anderen der Buchstabe u geschrieben ist. Davon kann aber der Wert eines Integrals nicht abhängen. Beide haben also den gleichen Wert. Es ist nur in den beiden Integralen die Integrationsvariable verschieden „getauft", was unwesentlich ist. Wir empfehlen dem Leser bei dieser Gelegenheit, beim Auftauchen neuer Buchstaben stets darauf zu achten, ob damit neue Begriffe eingeführt werden, oder ob nur „umgetauft" wird, was bisweilen aus formalen Gründen geschieht. Bei der soeben besprochenen Einführung der neuen Integrationsvariablen u wurde ein neuer Begriff, nämlich eine neue Variable eingeführt. In den beiden zuletzt angeführten Integralen dagegen ist nur dieselbe Integrationsvariable verschieden getauft.

---

[1]) $f\big(\psi(u)\big)$ bedeutet: In $f(x)$ ist für x einzusetzen $\psi(u)$.

6. Der natürliche Logarithmus

Es gelingt uns nicht, die Integralfunktion $\eta = \int_1^x \frac{dx}{x}$ in unserem Katalog zu finden. Trotzdem wollen wir zusehen, ob wir über diese Integralfunktion etwas aussagen können. Wir setzen fest, daß x nur positive Werte annehmen soll. Der Integrand bleibt dann immer endlich. Wir betrachten zunächst die beiden bestimmten Integrale

$$I_1 = \int_1^a \frac{dx}{x} \quad \text{und} \quad I_2 = \int_1^b \frac{dx}{x}.$$

Die oberen Grenzen a und b sind dabei gegebene konstante, positive Zahlen. Im zweiten Integral führen wir durch $u = a \cdot x$ eine neue Integrationsvariable u ein. Der Faktor a ist dabei die obere Grenze des ersten Integrals. Setzen wir $x = \frac{u}{a}$ und $dx = \frac{du}{a}$ unter dem Integral ein, wie es die ersten beiden Regeln von Seite 45 vorschreiben, so fällt der Faktor a wieder heraus. Das ist eben eine entscheidende Eigentümlichkeit des Integranden $\frac{1}{x}$. Nach der dritten Regel sind statt der Grenzen 1 und b die neuen Grenzen $a \cdot 1 = a$ und $a \cdot b = ab$ einzuführen. Nach Einführung der neuen Integrationsvariablen u sieht das zweite Integral jetzt so aus:

$$I_2 = \int_a^{ab} \frac{du}{u}.$$

Jetzt taufen wir die Variable u in x um, ohne an den Grenzen a und ab etwas zu ändern, wodurch am Zahlwert I_2 des Integrals auch nichts geändert wird. Wir schreiben also

$$I_2 = \int_a^{ab} \frac{dx}{x}.$$

Jetzt addieren wir die beiden Integrale und nennen ihre Summe I.

$$I = I_1 + I_2 = \int_1^a \frac{dx}{x} + \int_a^{ab} \frac{dx}{x} = \int_1^{ab} \frac{dx}{x}.$$

Beide Integrale haben den gleichen Integranden. Das erste geht von 1 bis a und das zweite von a bis ab. Daher lassen sich beide zu dem einzigen Integral $\int_1^{ab} \frac{dx}{x}$ zusammenziehen. (Die Wanderordinate wandert von 1 über a bis ab.)

Wir haben damit eine grundsätzliche Eigenschaft der durch $\eta = \int_1^x \frac{dx}{x}$ bestimmten, noch namenlosen, Funktion entdeckt:

Wenn man diese Funktion für drei Werte (ab), a und b ihrer unabhängigen Variablen ausrechnet, so ist immer $\eta(ab) = \eta(a) + \eta(b)$. In Worten: Die Summe der zu a und b gehörenden Funktionswerte $\eta(a)$ und $\eta(b)$ ist gleich dem Funktionswert $\eta(ab)$, der zu dem Produkt ab gehört.

Wir kennen nun eine Funktion, welche diese charakteristische Eigenschaft besitzt: Es ist der dekadische Logarithmus.

Er wird mit dem Zeichen lg bezeichnet. Es bedeutet $v = lg\, w$ bekanntlich dasselbe wie $10^{v} = w$. Man sagt daher, daß 10 die Basis der dekadischen Logarithmen ist. Die soeben erwähnte grundlegende Eigenschaft der Logarithmen drückt sich durch die Gleichungen aus:

$$lg\,(w_1 \cdot w_2) = lg\, w_1 + lg\, w_2. \text{ Oder } 10^{v_1} = w_1;\ 10^{v_2} = w_2 \text{ und } 10^{v_1 + v_2} = w_1 \cdot w_2.$$ [1]).

Da wir diese Eigenschaft bei der durch $\eta = \int\limits_1^x \frac{dx}{x}$ bestimmten Integralfunktion ebenfalls gefunden haben, wird auch diese als Logarithmus bezeichnet, und zwar als **natürlicher Logarithmus** von x. Das Zeichen dafür ist $ln\, x$. Es ist also

$$\eta = ln\, x = \int\limits_1^x \frac{dx}{x}.$$

Dieser Logarithmus hat jedoch nicht die Basis 10. Es ist also nicht $10^{\eta} = x$. Wäre dies der Fall, so müßte $ln\, 10 = 1$, d. h. $1 = \int\limits_1^{10} \frac{dx}{x}$ sein. Dies trifft aber nicht zu, wie bereits eine rohe Überschlagsrechnung erkennen läßt. Die Basis der natürlichen Logarithmen wird mit dem Buchstaben e bezeichnet. Gleichbedeutend mit $\eta = ln\, x$ ist also $e^{\eta} = x$. Die charakteristische Eigenschaft der Integralfunktion

$$\eta = ln\, x = \int\limits_1^x \frac{dx}{x},$$

nämlich $\eta\,(a \cdot b) = \eta\,(a) + \eta\,(b)$, die diese Funktion als einen Logarithmus kennzeichnet, findet ihren Ausdruck in den Gleichungen

$e^{\eta_1} = a$; $e^{\eta_2} = b$; $e^{\eta_1 + \eta_2} = e^{\eta_3} = a \cdot b$, wenn $\eta_1 = \eta(a)$, $\eta_2 = \eta(b)$ und $\eta_3 = \eta(a \cdot b)$ gesetzt wird.

Durch Berechnung des Integrals $\eta = ln\, x = \int\limits_1^x \frac{dx}{x}$ für verschiedene Werte von x

---

[1]) Es ist eigentlich zu bedauern, daß das Wort Logarithmus überhaupt erfunden wurde, statt einfach „Exponent" an Stelle von Logarithmus zu sagen. Man hätte dann von einer „Exponententafel" statt von einer Logarithmentafel zu sprechen, wodurch die Gleichbedeutung von $10^{v} = w$ und $v = lg\, w$ (wofür dann etwa $v = ex\, w$ zu schreiben wäre) deutlich vor Augen stände. Jetzt gibt es leider viele Leute, die auf der Schule jahrelang in Logarithmentafeln geblättert haben, aber die Frage, was z. B. $10^{lg\, \pi}$ ist, nicht beantworten können.

mittels Produktsummen nach Seite 31 kann man eine Tabelle der Funktion $\eta = ln\,x$ herstellen und dadurch eine Logarithmentafel der natürlichen Logarithmen. Untenstehende Tabelle zeigt einen Ausschnitt einer solchen Logarithmentafel.

x	$ln\,x$
1	0,00
2	0,69
3	1,10
4	1,39
.	. . .

Da sich die Integralwerte durch Produktsummen beliebig genau berechnen lassen, kann man eine solche Logarithmentafel mit beliebig vielen Dezimalstellen herstellen. Durch Interpolation in dieser Tafel läßt sich auch die Basis e der natürlichen Logarithmen berechnen. Entsprechend der Gleichung $e^1 = e$ ist $1 = ln\,e = \int_1^e \frac{dx}{x}$. Man hat also in der Logarithmentafel diejenige Zahl zu suchen, deren natürlicher Logarithmus gerade 1 ist. Dann ist diese Zahl die Basis e. Aus der kleinen Tabelle ist ersichtlich, daß e zwischen 2 und 3 liegt. Es läßt sich zeigen, daß e ein nichtperiodischer Dezimalbruch ist, der mit $e = 2{,}71828\ldots$ beginnt.

Ebenso wie beim dekadischen Logarithmus die beiden Gleichungen $v = lg\,w$ und $10^v = w$ gleichbedeutend sind, sagt beim natürlichen Logarithmus $s = ln\,r$ und $e^s = r$ dasselbe. Man nennt e^s die **„e-Funktion"** von s.[1]

Der durch $s = ln\,r$ bestimmten Funktion s von r entspricht also $r = e^s$, wenn man r als Funktion von s schreibt.

Den Zusammenhang zwischen den dekadischen und natürlichen Logarithmen findet man aus den Gleichungen $10^v = w = e^s$

Darin ist v der dekadische und s der natürliche Logarithmus irgendeiner positiven Zahl w, also $v = lg\,w$ und $s = ln\,w$.

Bildet man von 10^v, w und e^s die dekadischen Logarithmen und setzt sie einander gleich, weil auch die drei Zahlen einander gleich sind, so erhält man

$$v = lg\,w = s \cdot lg\,e = ln\,w \cdot lg\,e,$$

und damit $ln\,w = \frac{lg\,w}{lg\,e}$. Man findet also die natürlichen Logarithmen aus den dekadischen, indem man diese mit dem Faktor $\frac{1}{lg\,e}$ multipliziert. Der Zahlwert dieses Faktors ist leicht zu behalten. Er ist nämlich 2,30 .. (genauer 2,302585..). Die natürlichen Logarithmen sind also 2,30 mal so groß wie die dekadischen, d. h. $ln\,x = 2{,}30 \cdot lg\,x$.

Da $\eta = ln\,x = \int_1^x \frac{dx}{x}$ ist, haben wir in $\frac{d\eta}{dx} = \frac{1}{x}$ auch den Differentialquotienten des natürlichen Logarithmus vor uns.

[1]) Die Variablen sind absichtlich zur Übung des Lesers neu getauft.

Die Tatsache, daß der Differentialquotient einer Integralfunktion gleich dem Integranden ist, wird hier sozusagen in umgekehrter Richtung als bei den bisherigen Integrationen benutzt, weil hier die Integralfunktion nicht dem Katalog entnommen, sondern durch das Integral neu erzeugt wurde.

Als Differentialquotienten des dekadischen Logarithmus finden wir, dem Zusammenhang der beiden Logarithmen entsprechend, $\frac{d\,lg\,x}{dx} = \frac{1}{2{,}30} \cdot \frac{d\,ln\,x}{dx} = \frac{1}{2{,}30 \cdot x}$.

Auch der Differentialquotient $\frac{dr}{ds}$ der e-Funktion $r = e^s$ ist damit gefunden.

Wenn nämlich $s = ln\,r$ und $\frac{ds}{dr} = \frac{1}{r}$ ist, so ist auch $\frac{dr}{ds} = r$ (vgl. Seite 36). Nun ist

$$r = e^s \text{ und somit } \frac{dr}{ds} = e^s.$$

Der Differentialquotient der e-Funktion ist also dieser Funktion gleich. Eine Eigenschaft, die nur dieser Funktion zukommt. Man kann auch sagen, daß die Funktion $y = e^x$ der „Differentialgleichung" $\frac{dy}{dx} = y$ genügt. Denn setzt man rechts e^x ein und links den Differentialquotienten von $y = e^x$, der gleich e^x ist, so wird diese Gleichung erfüllt.

7. Schreibweise der Integralfunktion

Die bisher angewandte Schreibweise der Integralfunktion $\eta(x) = \int_a^x f(x)\,dx$ ist insofern nicht einwandfrei, als der Buchstabe x darin eine zweifache Bedeutung hat. Faßt man nämlich einen bestimmten Funktionswert der Integralfunktion ins Auge, etwa denjenigen Wert $\eta(\overline{x})$, den sie für $x = \overline{x}$ annimmt, so kann man sich diesen Wert $\eta(\overline{x})$ dadurch entstanden denken, daß man die Wanderordinate (vgl. Seite 33) von a bis $\overline{x}$ vorrücken läßt; entsprechend der Summierung der Produkte $f(x) \cdot dx$ von a bis $\overline{x}$. In dem Funktionssymbol $f(x)$ bedeutet also der Buchstabe x alle Werte der Variablen x von a bis $\overline{x}$. Bezeichnet man nun aber auch die obere Grenze des Integrals mit dem Buchstaben x, schreibt also $\eta(x) = \int_a^x f(x)\,dx$, wie es bisher der Einfachheit wegen geschehen ist, so bedeutet der Buchstabe x in der Tat zweierlei: Einmal die obere Grenze, d. h. denjenigen bestimmten Wert der unabhängigen Variablen, für den die Integralfunktion durch die Gleichung angegeben wird, und andererseits in $f(x)$ die „laufende Integrationsvariable", die alle Werte von a bis zur oberen Grenze durchläuft.

Um Mißverständnisse auszuschließen, ist es daher besser

$$\eta(x) = \int_a^x f(\xi)\,d\xi$$

zu schreiben. Also z. B. $ln\,x = \int_1^x \frac{d\xi}{\xi}$.

Damit ist die Vorstellung zu verbinden, daß es gilt, den Funktionswert $\eta(x)$ zu berechnen, wenn x irgendein bestimmter Wert der Variablen x ist. Zu dieser Berechnung sind die Produkte $f(\xi)\,d\xi$ von a bis x zu summieren, d. h. die Wanderordinate läuft von a bis zu diesem, bei der Integration unveränderlichen x, und ihre jeweilige Stellung wird durch die Integrationsvariable ξ bezeichnet, die durch dieselben Teilstriche wie x auf der x-Achse dargestellt wird. Es handelt sich also nur um eine neue Bezeichnung der Integrationsvariablen, und nicht um die Einführung einer neuen.

Es bleibt aber $\frac{d\eta}{dx} = f(x)$, da in der Gleichung $\Delta\eta = f(x)\cdot\Delta x$ auf Seite 33 der Buchstabe x die obere Grenze des Integrals bedeutet.

Die soeben eingeführte korrekte Schreibweise ist nicht durchweg üblich. Sie wird aber notwendig, wenn — wie es in der Mechanik vorkommt — eine Integralfunktion z. B. durch

$$\eta(x) = \int_0^x ax(b-\xi)\,d\xi$$

bestimmt wird, wobei a und b gegebene Konstante bedeuten. Die Zahl x ist hier nicht nur die obere Grenze des Integrals, sondern auch der Integrand hängt von ihr ab. Bei der Integration selbst ist x unveränderlich und ebenso wie a und b als Konstante anzusehen. Man erhält also

$$\eta(x) = ab\,x^2 - \frac{1}{2}a\,x^3.\ ^{1)}$$

Wenn, wie in diesem Beispiel, die obere Grenze x auch im Integranden vorkommt, ist aber der Differentialquotient der Integralfunktion nicht mehr gleich dem Integranden! Dieser ist im Beispiel, wenn man $x = \xi$ setzt: $ax(b-x)$, während

$$\frac{d\eta}{dx} = = 2\,abx - \frac{3}{2}\,ax^2$$

ist. Es liegt dies daran, daß die Änderung $\Delta\eta$ der Integralfunktion, die zu einer Änderung Δx gehört, sich jetzt aus zwei Anteilen zusammensetzt: Der erste ist zwar wie früher $f(x)\cdot\Delta x$. Dazu kommt aber noch ein zweiter dadurch hinzu, daß bereits das von o bis x gebildete Integral einen anderen Wert erhält, wenn das im Integranden steckende x um Δx geändert wird.

Übungsbeispiel: $\eta(x) = \int_0^x e^{x\xi}\,d\xi = \frac{e^{x^2}-1}{x}$. Vgl. Seite 46.

---

[1]) Man kann im Integranden zunächst p statt x schreiben und dies wie a und b als Konstante ansehen. Man erhält so

$$\int_a^x ap\,(b-\xi)\,d\xi = abp\ x - \frac{1}{2}ap\,x^2.$$

Dann ist $p = x$ zu setzen.

8. Differenzieren von Vektoren

Wie knüpfen an die in I behandelten Regeln für Vektoren an und bringen den Funktionsbegriff mit dem des Vektors in Verbindung. Ein veränderlicher Vektor $\mathfrak{P}$ soll eine Funktion der skalaren Zahl t sein, wenn den einzelnen Werten dieser Zahl t bestimmte Vektoren $\mathfrak{P}$ zugeordnet sind. Wir schreiben dafür $\mathfrak{P} = \mathfrak{P}(t)$. Unter der Zahl t möge sich der Leser etwa die Zeit vorstellen. Halten wir den Anfangspunkt der Vektoren $\mathfrak{P}$ fest, so bedeutet $\mathfrak{P} = \mathfrak{P}(t)$, daß der Endpunkt P von $\mathfrak{P}$ sich beim Ablauf der Zeit auf einer Kurve bewegt.

Schreibt man $\mathfrak{P}$ in Koordinaten, so sind in

$$\mathfrak{P} = \mathfrak{P}(t) = x(t)\,\mathfrak{i} + y(t)\cdot\mathfrak{j} + z(t)\cdot\mathfrak{k}$$

die Vektorkoordinaten x, y, z Funktionen von t.

Der Differentialquotient eines Vektors ist ein Vektor $\mathfrak{V}$, der analog der auf Seite 34 festgesetzten Regel für die Differentiation skalarer Funktionen durch folgenden Grenzprozeß gewonnen wird:

Man bilde $\mathfrak{P}(t)$ für die Werte t und $(t + \Delta t)$, und sodann die Differenz der beiden Vektoren (Abb. 38), die zu t und $(t + \Delta t)$ gehören, also

$$\mathfrak{D} = \mathfrak{P}(t + \Delta t) - \mathfrak{P}(t).$$

Dieser „Differenzvektor" $\mathfrak{D}$ wird klein sein, wenn Δt klein wird. Bilden wir jedoch daraus den Vektor

$$\mathfrak{W} = \frac{\mathfrak{D}}{\Delta t} = \frac{\mathfrak{P}(t + \Delta t) - \mathfrak{P}(t)}{\Delta t},$$

so braucht, da die kleine Zahl Δt im Nenner steht, dieser Vektor $\mathfrak{W}$ keineswegs auch klein zu werden. Für verschiedene Werte von Δt erhalten wir verschiedene Vektoren $\mathfrak{W}$, deren gemeinsamer Anfangspunkt im Punkte P, dem Endpunkte des Vektors $\mathfrak{P}(t)$ angenommen werden soll.

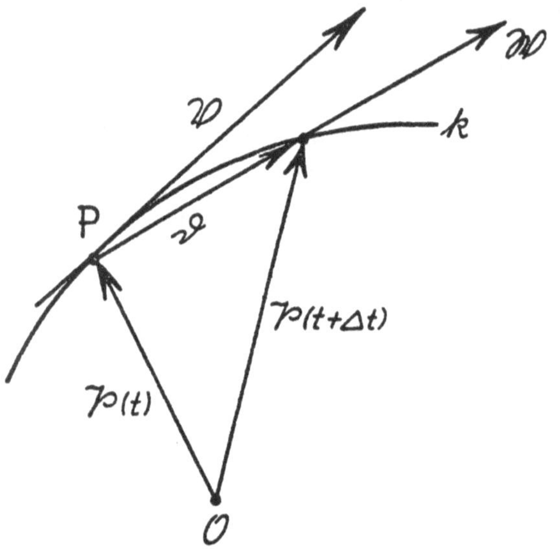

Abb. 38

Ein Vektor $\mathfrak{V}$, der auch von P ausgehen soll, ist der Differentialquotient des Vektors $\mathfrak{P}(t)$, wenn der Unterschied der beiden Vektoren $\mathfrak{W}$ und $\mathfrak{V}$ beliebig klein wird, sofern Δt hinreichend klein angenommen wird. Der Vektor $\mathfrak{V}$ bildet die Tangente im Punkte P an die vom Endpunkt des Vektors $\mathfrak{P}(t)$ beschriebenen Kurve k. Ist t die Zeit, so stellt der Vektor $\mathfrak{V}$ die Geschwindigkeit des Punktes P nach Richtung und Größe dar.

In Koordinaten erhält man

$$\mathfrak{V} = \frac{dx}{dt}\mathfrak{i} + \frac{dy}{dt}\mathfrak{j} + \frac{dz}{dt}\mathfrak{k},$$

womit der Anschluß an die Differentialrechnung skalarer Funktionen gewonnen ist.

IV. Komplexe Zahlen

Auf einer x-Achse kann man nach Festlegung eines Nullpunktes und eines Einheitspunktes $x = 1$ „alle“ Zahlen x durch Punkte oder Teilstriche darstellen (Abb. 39). Zunächst die positiven und negativen ganzen Zahlen. Sodann die Brüche, die entweder als Quotienten zweier ganzen Zahlen oder als periodische Dezimalbrüche geschrieben werden. (Z. B. $\frac{2}{3} = 0{,}6666\ldots\ldots$; $\frac{25}{99} = 0{,}252525\ldots\ldots$; $\frac{5}{4} = 1{,}250000\ldots\ldots$)

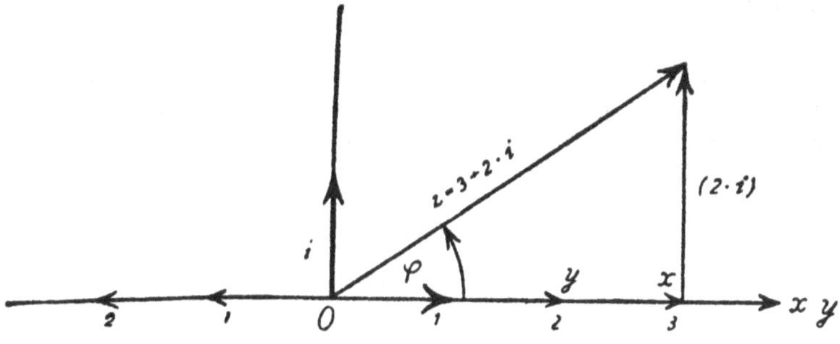

Abb. 39

Endlich die Irrationalzahlen, die ziffernmäßig nur durch nichtperiodische Dezimalbrüche darstellbar sind. So ist z. B. $x = \sqrt{2} = 1{,}41421\ldots.$, und durch probeweises Einsetzen von x in die Gleichung $x^2 = 2$ lassen sich beliebig viele Stellen dieses nichtperiodischen Dezimalbruches berechnen. Daß $\sqrt{2}$ nicht gleich dem Quotienten zweier ganzen Zahlen ist, läßt sich beweisen. Die Irrationalzahl $\sqrt{2}$ kann aber trotzdem durch einen ganz bestimmten Teilstrich auf der x-Achse bezeichnet werden, indem man nämlich die Diagonale des Quadrats, dessen Seitenlänge gleich der Strecke zwischen den zu Null und Eins gehörenden Teilstrichen ist, vom Nullpunkt aus abträgt. Denn die Länge dieser Diagonale ist $\sqrt{2}$. Ebenso ist begrifflich-geometrisch der zur Irrationalzahl π gehörende Teilstrich auf der x-Achse dadurch bestimmt, daß man einen Kreis vom Radius 1/2 einmal vom Nullpunkte aus auf der x-Achse abrollen läßt.

Mit den soeben aufgezählten Zahlen, die man in ihrer Gesamtheit als **reelle Zahlen** bezeichnet, lassen sich die Rechenoperationen Addieren, Subtrahieren, Dividieren, Potenzieren ausnahmslos durchführen. (Abgesehen von der unmöglichen Division durch Null.) Stets kommt bei diesen Operationen wieder eine reelle Zahl heraus.

Das Ziehen einer Quadratwurzel ist aber nur aus positiven Zahlen möglich. Für die Aufgabe, z. B. die Quadratwurzel aus -2 zu ziehen, was gleichbedeutend damit ist, eine Zahl zu suchen, deren Quadrat -2 ist, gibt es keine Lösung unter den reellen Zahlen.

Man erweitert nun das Bild der durch Teilstriche auf der x-Achse darstellbaren Zahlen dadurch, daß man durch die x-Achse eine Ebene legt. In dieser Ebene werden vom Nullpunkte der x-Achse aus Vektoren gezogen.

Da es sich jetzt nur um Vektoren handeln wird, die alle in ein und derselben Ebene liegen und die alle von einem gemeinsamen Nullpunkt ausgehen, sollen für diese speziellen Vektoren neue Bezeichnungen und neue Rechenregeln festgesetzt werden. Wir nennen sie „komplexe Vektoren“ und bezeichnen sie mit kleinen römischen Buchstaben.

Die Punkte der x-Achse fassen wir jetzt auch als Endpunkte komplexer Vektoren auf, so daß auch die reellen Zahlen von jetzt ab als komplexe Vektoren aufgefaßt werden. Abb. 39.

Die Rechenregeln für diese komplexen Vektoren werden nun so festgesetzt, daß sie bei Anwendung auf die reellen Zahlen die für diese üblichen Rechenregeln mit enthalten.

Die **Addition** zweier komplexer Vektoren z_1 und z_2 wird ebenso festgesetzt, wie es auf Seite 5 bei allgemeinen Vektoren gemacht wurde: Die beiden Vektoren z_1 und z_2 werden aneinandergeheftet und bestimmen so den Vektor $z_3 = z_1 + z_2$ als ihre Summe. Man überzeugt sich leicht davon, daß die Addition reeller Zahlen, die durch die in

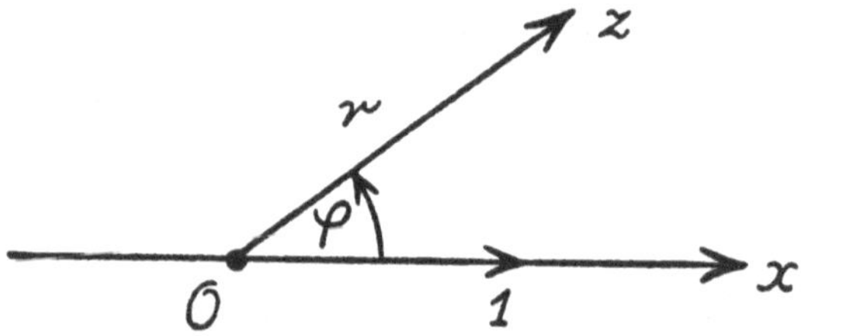

Abb. 40

der x-Achse liegenden Vektoren dargestellt werden, bei dieser Additionsregel richtig herauskommt.

Um die Multiplikation komplexer Vektoren festsetzen zu können, bestimmen wir ihre Lage durch „Polarkoordinaten“. Mit r bezeichnen wir die Länge, d. h. den Betrag eines Vektors, indem wir seine Länge mit der des auf der x-Achse liegenden Vektors 1, der vom Nullpunkt zum Punkt 1 der x-Achse führt, ausmessen. Der Betrag r soll immer eine positive Zahl sein. Mit φ bezeichnen wir den Winkel zwischen dem komplexen Vektor z und der x-Achse (Abb. 40). Das Vorzeichen dieses Winkels φ wird so festgesetzt, daß $\varphi > 0$ sein soll, wenn man vom Einheitsvektor der x-Achse durch Drehung entgegengesetzt dem Uhrzeiger zum komplexen Vektor z gelangt.

Die **Multiplikation** zweier komplexer Vektoren z_1 und z_2 mit den Polarkoordinaten (r_1, φ_1) und (r_2, φ_2) wird nun so festgesetzt:

Sie erzeugt einen neuen Vektor $z_3 = z_1 \cdot z_2$. Dessen Polarkoordinaten r_3 und φ_3 sollen $r_3 = r_1 \cdot r_2$ und $\varphi_3 = \varphi_1 + \varphi_2$ sein. Bei der Multiplikation werden also die Beträge der Faktoren multipliziert und ihre Winkel addiert (Abb. 40 und 41).

Wir überzeugen uns zunächst, daß diese Multiplikationsregel die gewohnten Rechenregeln der reellen Zahlen auch enthält.

Die positiven reellen Zahlen sind jetzt als Vektoren anzusehen, deren Betrag gleich dem der reellen Zahl ist, und deren Winkel Null sind. Die negativen reellen Zahlen sind komplexe Vektoren, deren Betrag gleich dem der reellen Zahl ist, und deren Winkel

180° ist (Abb. 39). Das Produkt zweier positiver Zahlen wird jetzt ein Vektor, dessen Winkel Null ist und dessen Länge richtig herauskommt. Das Produkt zweier negativen Zahlen wird ein komplexer Vektor, dessen Winkel nach der Multiplikationsregel 180° + 180° = 360° ist, der also die richtige positive Zahl darstellt. Das Produkt einer negativen mit einer positiven Zahl bedeutet die Multiplikation zweier komplexer Vektoren, von denen der eine den Winkel Null und der andere den Winkel 180° hat. Der Vektor des Produkts hat also den Winkel 0° + 180° = 180° und gibt daher eine negative Zahl. Es ist bemerkenswert, wie die elementaren Rechenregeln Plus mal Minus gleich Minus, und Minus mal Minus gleich Plus jetzt aus einem allgemeineren Prinzip folgen.

Multiplikation eines komplexen Vektors mit −1 (also mit einem Vektor vom Betrage 1 und dem Winkel 180°) ändert seinen Betrag nicht, vergrößert aber seinen

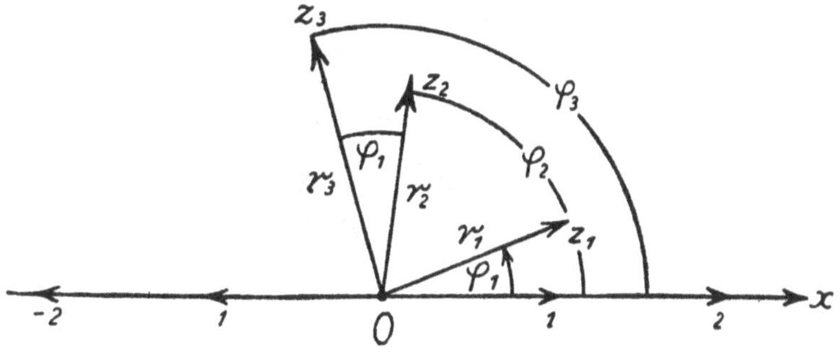

Abb. 41

Winkel um 180°. Das ist gleichbedeutend mit der Umkehrung seiner Richtung. Damit ist auch die **Subtraktion** zweier komplexer Vektoren erklärt. Auch die **Division** erfordert keine neue Festsetzung. Ist nämlich $z_3 = \frac{z_1}{z_2}$, so ist $r_3 = \frac{r_1}{r_2}$ und $\varphi_3 = \varphi_1 - \varphi_2$. Es bedeutet nichts Neues, wenn dabei $\varphi_3 < 0$ herauskommt. Z. B. führt $z_3 = \frac{4}{-2}$ auf den Winkel $\varphi_3 = 0° - 180° = -180°$.

Auch die **Potenz** $z_3 = z_1^n$ folgt bei ganzzahligem Exponenten n aus dem bereits Gesagten: $\varphi_3 = n \cdot \varphi_1$ und $r_3 = r^n$ gibt eindeutig den komplexen Vektor z_3.

Bei der **Wurzel** aus einem komplexen Vektor wird jedoch ein bisher nicht beachteter Umstand wichtig. Angenommen, es sei $z_3 = \sqrt[2]{z_1}$ zu bilden. Das stellt die Aufgabe, einen solchen Vektor z_3 zu suchen, daß $z_3^2 = z_1$ ist. Also muß $r_3^2 = r_1$ und $2\,\varphi_3 = \varphi_1$ werden, oder auch $r_3 = \sqrt[2]{r_1}$ und $\varphi_3 = \frac{\varphi_1}{2}$, was immer möglich ist.

Nehmen wir z. B. $z_1 = 4$. Es ist dann $r_1 = 4$ und $\varphi_1 = 0$.

Wir finden $r_3 = \sqrt{r_1} = \sqrt{4} = 2$, und $\varphi_3 = \frac{0}{2} = 0$; also $z_3 = 2$.

Nun wissen wir aber, daß $\sqrt{4} = 2$ und auch gleich -2 ist. Wo bleibt die (-2) bei komplexen Vektoren?

Wir denken uns jetzt einen komplexen Vektor z geometrisch, d. h. aufgezeichnet gegeben und messen seine Polarkoordinaten r und φ an der Zeichnung (Abb. 42). Wir finden etwa $\varphi = 35°$. Nun können wir aber zu diesem Winkel noch 360° hinzufügen und kommen doch wieder zu dem gleichen Vektor z. Ja, wir können beliebige ganzzahlige Vielfache von 360° zu φ hinzufügen. Hat ein Vektor den Winkel φ, so gehören auch alle Winkel $\varphi + n \cdot 360°$ zu ihm (n ist dabei eine ganze Zahl). Die Möglichkeit zum Winkel eines komplexen Vektors Vielfache von 360° addieren zu können, würde bei allen Vektoroperationen außer dem Wurzelziehen als überflüssige Spitzfindigkeit erscheinen. Beim Wurzelziehen ist sie dagegen sehr wesentlich! Der Vektor 4

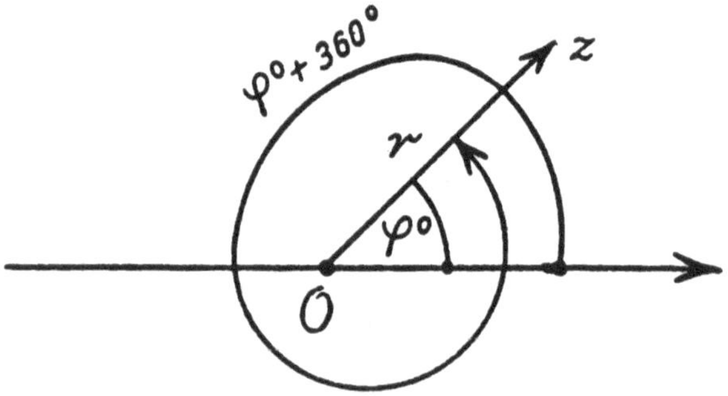

Abb. 42

in unserm Beispiel hat nicht nur den Winkel $\varphi_1 = 0$, sondern auch den Winkel $0° + 360°$. Also kommt der Winkel φ_3 des Vektors $z_3 = \sqrt{4}$ nicht nur mit $\varphi_3 = \frac{0}{2} = 0$ heraus,

sondern auch mit $\varphi_3 = \frac{0 + 360°}{2} = 180°$. Dazu gehört aber $z_3 = -2$, also gerade das, was zu fehlen schien.

Ist allgemein $z_3 = \sqrt[2]{z_1}$, worin z_1 irgendein komplexer Vektor sein kann, so gibt es demnach zwei Vektoren z'_3 und z''_3, die als $\sqrt[2]{z_1}$ erscheinen, d. h. der Gleichung $z_3^2 = z_1$ genügen.

Bei ihnen ist $\varphi'_3 = \frac{\varphi_1}{2}$ und $\varphi''_3 = \frac{\varphi_1}{2} + 180°$.

Man überzeuge sich noch, daß die Zufügung von $n \cdot 360°$ zu φ_1 für beliebige ganze Zahlen n immer auf die beiden mit $n = 1$ bereits erhaltenen Vektoren z'_3 und z''_3 führt.

Für die Potenz $z_3 = z_1^q$, in der der Exponent q irgendeine positive oder negative, ganze oder gebrochene Zahl sein darf, ist also durch $r_3 = r_1^q$; $\varphi_3 = q \cdot (\varphi_1 + n \cdot 360°)$ der Vektor z_3 zu ermitteln. Wenn q keine ganze Zahl ist (wodurch alle Wurzeln aus z_1 einbegriffen sind), ergeben sich mehrere Vektoren z'_3, z''_3, ...

Der Vektor mit $r = 1$ und $\varphi = 90°$ hat eine besondere Bezeichnung erhalten. Er wird mit i bezeichnet (Abb. 39)[1]). Es ist $i^2 = -1$, oder $\sqrt{-1} = \pm i$, wie aus den Rechenregeln komplexer Vektoren hervorgeht. Folglich ist $z_3 = i \cdot z_1$ ein Vektor, der aus z_1 durch Drehung um 90° im positiven Drehungssinn hervorgeht. Wir verabreden nun, daß mit den Buchstaben x und y Vektoren bezeichnet werden sollen, die in der x-Achse liegen; deren Winkel also 0 oder 180° ist. Dann ist $z = x + i \cdot y$ ein Vektor, der durch Addition des Vektors x (dessen Winkel 0 oder 180° ist) und des Vektors $i \cdot y$ (dessen Winkel 90° oder 270° ist) hervorgeht. (In Abb. 39 ist $z = 3 + i \cdot 2$ gezeichnet.)

Die Zahlen x und y sind dann übrigens die kartesischen Koordinaten von P, dem Endpunkte des Vektors z. Man nennt daher x und y die kartesischen Koordinaten des komplexen Vektors $z = x + i \cdot y$, und zwar x die „reelle" und y die „imaginäre" Koordinate.

Der Zusammenhang dieser kartesischen Koordinaten x und y mit den Polarkoordinaten r, φ eines komplexen Vektors wird durch die Gleichungen $r = \sqrt{x^2 + y^2}$; $\operatorname{tg} \varphi = \frac{y}{x}$; $x = r \cdot \cos \varphi$; $y = r \cdot \sin \varphi$ gegeben.

Sind nun zwei Vektoren $z_1 = x_1 + i\, y_1$ und $z_2 = x_2 + i\, y_2$ durch ihre kartesischen Koordinaten bestimmt, so sind die des Vektors $z_3 = z_1 + z_2$, wie aus der Vorschrift für die Addition (s. Seite 5) folgt, $x_3 = x_1 + x_2$; $y_3 = y_1 + y_2$.

Aber auch das Produkt zweier komplexer Vektoren $z_1 = x_1 + i\, y_1$ und $z_2 = x_2 + i\, y_2$ läßt sich aus ihren kartesischen Koordinaten berechnen. Man darf nämlich in

$$z_3 = z_1 \cdot z_2 = (x_1 + i\, y_1) \cdot (x_2 + i\, y_2)$$

die Klammern ausmultiplizieren, wenn man dabei beachtet, daß $i^2 = -1$ ist.

Man erhält so

$$z_3 = x_3 + i\, y_3 = (x_1 x_2 - y_1 y_2) + i\,(x_1 y_2 + x_2 y_1),$$

$$\text{also } x_3 = x_1 x_2 - y_1 y_2 \text{ und } y_3 = x_1 y_2 + x_2 y_1.$$

Es entsteht dabei natürlich die Frage, ob der so aus den kartesischen Koordinaten berechnete Vektor z_3 derselbe ist, wie der aus den Polarkoordinaten $(r_1; \varphi_1)$, $(r_2; \varphi_2)$ durch $r_3 = r_1 \cdot r_2$ und $\varphi_3 = \varphi_1 + \varphi_2$ erhaltene?

Dies ist der Fall. Es ist ja $x_1 = r_1 \cdot \cos \varphi_1$; $y_1 = r_1 \cdot \sin \varphi_1$; $x_2 = r_2 \cdot \cos \varphi_2$; $y_2 = r_2 \cdot \sin \varphi_2$.

Mithin $z_1 = r_1 (\cos \varphi_1 + i \sin \varphi_1)$ und $z_2 = r_2 (\cos \varphi_2 + i \sin \varphi_2)$.

Es wird daher

$$z_1 \cdot z_2 = r_1 r_2 \cdot \left\{ (\cos \varphi_1 \cdot \cos \varphi_2 - \sin \varphi_1 \cdot \sin \varphi_2) + i\,(\sin \varphi_1 \cos \varphi_2 + \sin \varphi_2 \cos \varphi_1) \right\}$$

Dies ist aber gleich

$$r_1 r_2 \cdot \left\{ \cos(\varphi_1 + \varphi_2) + i \sin(\varphi_1 + \varphi_2) \right\}.$$

[1]) Dieser mit einem römischen *i* bezeichnete Vektor hat nichts mit dem durch ein deutsches 𝔦 bezeichneten Grundvektor auf Seite 15 zu tun.

Der komplexe Vektor $z_3 = r_3\left\{\cos\varphi_3 + i\sin\varphi_3\right\}$ bekommt also richtig den Betrag $r_3 = r_1\cdot r_2$ und den Winkel $\varphi_3 = \varphi_1 + \varphi_2$.

Man darf somit mit komplexen Vektoren, die mit kartesischen Koordinaten gegeben sind, ebenso rechnen, wie man es von den reellen Zahlen her gewohnt ist, wenn man nur $i^2 = -1$ beachtet.

Z. B. $$\frac{2+3i}{4-5i} = \frac{2+3i}{4-5i}\cdot\frac{4+5i}{4+5i} = \frac{(8-15)+i(10+12)}{16+25} = \frac{-7+22i}{41}\text{ [1]}.$$

Der Leser wird die „unendlichen Reihen für den Sinus, den Kosinus und die e-Funktion" kennenlernen, nämlich

$$\sin u = u - \frac{u^3}{3!} + \frac{u^5}{5!} - \ldots.$$

$$\cos v = 1 - \frac{v^2}{2!} + \frac{v^4}{4!} - \ldots.$$

$$e^w = 1 + w + \frac{w^2}{2!} + \frac{w^3}{3!} + \frac{w^4}{4!} + \ldots$$

Auf den rechten Seiten dieser Gleichungen stehen Rechenoperationen, die wir jetzt auch mit komplexen Vektoren durchführen können.

Setzen wir $w = i\varphi$ und $u = v = \varphi$ in diese Reihen ein, so können wir die Gleichung

$$r\cdot e^{i\varphi} = r\cdot(\cos\varphi + i\cdot\sin\varphi)$$

bestätigen, und haben damit eine neue Schreibweise der komplexen Vektoren erhalten

$$z = r\cdot e^{i\varphi},$$

mit der sich die Multiplikationsregel eindrucksvoll schreiben läßt:

$$z_3 = z_1\cdot z_2 = r_3\cdot e^{i\varphi_3} = r_1\cdot e^{i\varphi_1}\cdot r_2\cdot e^{i\varphi_2} = r_1\cdot r_2\cdot e^{i(\varphi_1+\varphi_2)}.$$

Unsere hier gebrauchte Bezeichnung „komplexer Vektor" ist nicht allgemein üblich; Man sagt statt dessen „komplexe Zahl" (früher auch „imaginäre Zahl"), meint dabei aber dasselbe. Die Ebene, in der die komplexen Zahlen liegen, wird als komplexe Zahlebene bezeichnet, und der Vektor i als die imaginäre Einheit. Dieses Wort imaginär erinnert noch an vergangene Zeiten, in denen das Rechnen mit komplexen Zahlen als geheimnisvoll empfunden wurde. Daß darin keine Spur von Mystik steckt, wird dem Leser klar geworden sein.

Übungsbeispiele

(1) $\sqrt[3]{8} = ?$

(2) Die Lösungen der quadratischen Gleichung $z^2 + pz + 1 = 0$ sind für $p = -3$. -2; -1; 0; $+1$; $+2$; $+3$ in der komplexen Ebene als komplexe Zahlen darzustellen.

(3) $z_3 = \sqrt[2]{-2+3i} = ?$

(4) $i^i = ?$

---

[1]) Der Leser führe diese Division auch geometrisch durch.

Sachverzeichnis